谨以此书

献给

丰富过地球的每一个生命

果麦文化 出品

翼龙时代

赵闯 绘　　杨杨 文

山东画报出版社

目　录

008
推荐序

009
作者序

012
本书涉及主要古生物生存年代示意图

014
本书涉及主要古生物化石产地分布示意图

001
寂静的三叠纪

002	蓓天翼龙
004	沛温翼龙
006	奥地利翼龙
008	真双型齿翼龙
011	卡尼亚指翼龙
013	空枝翼龙

015
梦幻的侏罗纪

017	双型齿翼龙	035	凤凰翼龙	052	抓颌龙
018	曲颌翼龙	037	热河翼龙	055	魔鬼翼龙
020	矛颌翼龙	038	建昌颌龙	056	喙嘴龙
023	喙头龙	040	岛翼龙	058	东方颌翼龙
025	狭鼻翼龙	043	天王翼龙	061	诺曼底翼龙
027	建昌翼龙	045	翼嘴翼龙	062	鹅喙翼龙
028	达尔文翼龙	047	鲲鹏翼龙	064	梳颌翼龙
030	长城翼龙	049	蛙颌翼龙		
032	丝绸翼龙	050	船颌翼龙		

67
辉煌的白垩纪

068 匙喙翼龙
070 都迷科翼龙
072 准噶尔翼龙
075 湖翼龙
077 神州翼龙
078 矛颌龙
080 鸢翼龙
082 格格翼龙
085 北票翼龙
087 滤齿翼龙
088 飞龙
091 郝氏翼龙
093 莫干翼龙
094 北方翼龙
096 树翼龙
099 始无齿翼龙
101 掠海翼龙
102 妖精翼龙

104 湖氓翼龙
107 剑头翼龙
109 振元翼龙
111 华夏翼龙
112 中国翼龙
114 玩具翼龙
116 始神龙翼龙
119 吉大翼龙
120 悟空翼龙
122 红山翼龙
124 努尔哈赤翼龙
126 伊卡兰翼龙
129 辽宁翼龙
131 古神翼龙
132 雷神翼龙
134 科罗拉多斯翼龙
136 鸟掌龙
139 有角蛇翼龙

141 亚氏翼龙
143 猎空翼龙
145 哈密翼龙
146 南方翼龙
149 鹰爪翼龙
151 神龙翼龙
152 夜翼龙
154 黎明女神翼龙
156 咸海神翼龙
158 包科尼翼龙
161 浙江翼龙
162 无齿翼龙
164 蒙大拿神翼龙
167 阿氏翼龙
169 哈特兹哥翼龙
171 风神翼龙

173
今天

174
翼龙时代大事记

176
索引

推荐序

马克 · 诺瑞尔博士

国际著名古生物学家
美国自然历史博物馆古生物部主任

　　我是一个古生物学家，在可能是世界上最好的博物馆里工作。不管是在蒙古国科考挖掘，还是在中国学习交流，或只是在美国研究相关数据，我的生活总是围绕着各种古生物的骨头。这些古生物已经不仅仅是我的兴趣，而是我生命的一部分，在这个地球的每一个角落陪伴我一起学习、一起演讲、一起传授知识。

　　许多科学家，都在一个封闭的环境中工作。复杂的数学公式、难以理解的分子生物化学，还有那些应用于繁复理论的数据……这是一个无论科学家们多努力也无法让普通人理解的工作环境，加上大多数科学家缺乏与公众交流的本领，无法让他们的研究成果以一种有趣而且平易近人的方式表达出来，久而久之，人们开始产生距离感，进而觉得科学无聊乏味。

　　这就是为什么赵闯和杨杨的工作如此重要。他们两位极具天赋、充满智慧，但他们并没有去做职业科学家。他们以艺术和文字作为传递的媒介，把古生物的科学知识普及给世界上的所有人——孩子、父母、祖父母，甚至其他科学领域的科学家们！

　　赵闯的绘画、雕塑、素描以及电影在体现恐龙、翼龙、水生爬行动物这些奇妙生物上已经达到了极高的艺术境界。他与古生物学家保持着紧密的联系，并基于最新的古生物科学报告以及论文进行创作。杨杨的文字已经超越了单纯的科普描述，她将幽默的故事交织于科普知识中，让其表现的主题生动而灵活，尤其适合小读者们进行自主阅读，发掘其中有趣的科学秘密。基于孩子们对这些古生物的热爱，其他重要的科学概念，包括地理、生物、进化学都可以被快乐地学习。

　　赵闯和杨杨是世界一流的科学艺术家，能与他们一起工作是我的荣幸。

作者序

赵闯　　**杨杨**

科学艺术家　科学童话作家

和翼龙一起在天空翱翔

　　抬头仰望天空，就开始了对天空的向往。这样的憧憬不只限于人类，从第一种飞上天空的昆虫开始，已经有无数生命为此付出过努力。

　　翱翔于中生代的翼龙是实现过这个梦想的最特别的成员，它们是第一群掌握飞翔本领的脊椎动物，它们中的一些成员也是迄今为止天空中出现过的体形最大的动物。这样一群卓越的飞行者，究竟是如何飞上天空的？它们有着什么样神秘的飞行结构？在漫长的飞行时光中，又经历了怎样的演化？

　　很显然，《翼龙时代》这本书会解答这些问题，可是它所描述的又不仅如此。

　　当我们深入这个充满想象的时代，我们会看到形态各异、大小不同、性格迥异的飞行者，它们有着共同的梦想——飞翔，却因为不同的身体条件，而走上了完全不一样的道路。在它们适应飞翔的过程中，虽然历经艰险，但始终未曾放弃，最终成了伟大的飞行者。

　　我们希望无论是父母还是孩子，从这本书中不仅能看到那个时代一个又一个伟大的瞬间，还能感受到每一只翼龙所传递给我们的梦想的力量。

古蝠
Palaeochiropteryx

翔兽 *Volaticotherium*

始孔子鸟 *Eoconfuciusornis*

近鸟龙 *Anchiornis*

沙罗夫翼蜥
Sharovipteryx

巨脉蜻蜓 *Meganeura*

亿年前

东方一号 East one（Vostok-1）

1961 年 4 月 12 日，苏联制造的世界第一艘载人航天器东方一号发射升空并进入地球轨道，让人类有能力成为地球上第一种进入宇宙空间的生物。

0

1903 年 12 月 17 日，由莱特兄弟制造的历史上的第一架能够主动飞行的飞机飞行者号试飞成功，让人类借助飞行器成为第五种能够主动飞行的生物。

约 4900 万年前，第四种能够主动飞行的动物 —— 蝙蝠出现，它们也是唯一有能力主动飞行的哺乳动物。

飞行者号 Aviator

约 6600 万年前，翼龙全部灭绝。

约 8400 万年前，一些翼龙如风神翼龙演化成为至今为止这颗星球上最为巨大的飞行动物。

1

约 1.25 亿年前，部分哺乳动物演化出了短距离滑翔的能力。

约 1.31 亿年前，恐龙中的鸟类家族崛起，成为第三种飞行动物，它们中的部分物种至今依旧主宰着天空。

风神翼龙 Quetzalcoatlus

约 1.6 亿年前，部分恐龙演化出能够在空中滑翔的能力。

2

约 2.28 亿年前，爬行动物家族中演化出了能够真正飞翔的物种，它们也是第二种能够主动飞行的动物 —— 翼龙。

约 2.4 亿年前，许多爬行动物开始演化出能够滑翔的身体结构，向着天空跃跃欲试。

3

约 3 亿年前，昆虫成为地球上第一种飞向天空的动物。

蓓天翼龙 Peteinosaurus

4

5

海洋生命大爆发，无脊椎动物统治海洋，最早的脊椎动物雏形海口鱼出现。

35

最原始的生命出现。

本书涉及主要古生物生存年代示意图

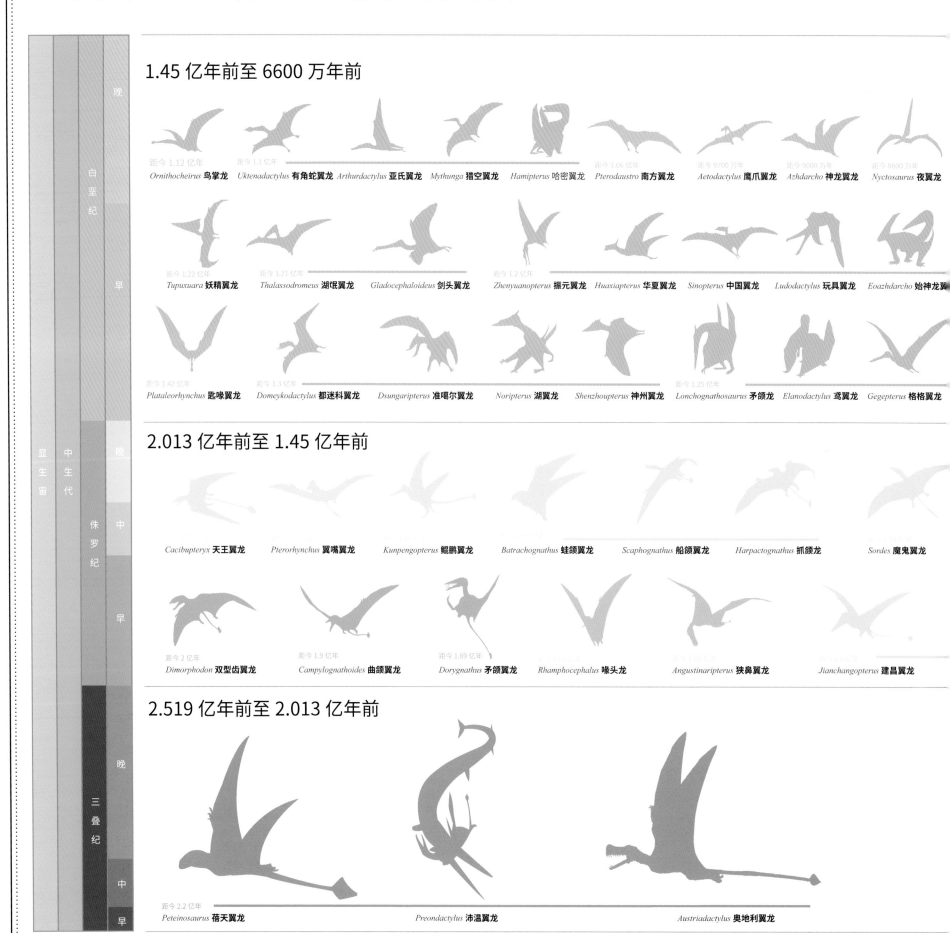

1.45 亿年前至 6600 万年前

距今 1.12 亿年 *Ornithocheirus* 鸟掌龙 　距今 1.1 亿年 有角蛇翼龙 *Arthurdactylus* 亚氏翼龙 *Mythunga* 猎空翼龙 *Hamipterus* 哈密翼龙 　距今 1.06 亿年 *Pterodaustro* 南方翼龙 　距今 9700 万年 *Aetodactylus* 鹰爪翼龙 　距今 9000 万年 *Azhdarcho* 神龙翼龙 　距今 8800 万年 *Nyctosaurus* 夜翼龙

距今 1.22 亿年 *Tupuxuara* 妖精翼龙 　距今 1.21 亿年 *Thalassodromeus* 湖氓翼龙 *Gladocephaloideus* 剑头翼龙 　距今 1.2 亿年 *Zhenyuanopterus* 振元翼龙 *Huaxiapterus* 华夏翼龙 *Sinopterus* 中国翼龙 *Ludodactylus* 玩具翼龙 *Eoazhdarcho* 始神龙翼龙

距今 1.42 亿年 *Plataleorhynchus* 匙喙翼龙 　距今 1.3 亿年 *Domeykodactylus* 都迷科翼龙 *Dsungaripterus* 准噶尔翼龙 *Noripterus* 湖翼龙 *Shenzhoupterus* 神州翼龙 　距今 1.25 亿年 *Lonchognathosaurus* 矛颌龙 *Elanodactylus* 鸢翼龙 *Gegepterus* 格格翼龙

2.013 亿年前至 1.45 亿年前

Cacibupteryx 天王翼龙 *Pterorhynchus* 翼嘴翼龙 *Kunpengopterus* 鲲鹏翼龙 *Batrachognathus* 蛙颌翼龙 *Scaphognathus* 船颌翼龙 *Harpactognathus* 抓颌龙 *Sordes* 魔鬼翼龙

距今 2 亿年 *Dimorphodon* 双型齿翼龙 　距今 1.9 亿年 *Campylognathoides* 曲颌翼龙 　距今 1.89 亿年 *Dorygnathus* 矛颌翼龙 *Rhamphocephalus* 喙头龙 *Angustinaripterus* 狭鼻翼龙 *Jianchangopterus* 建昌翼龙

2.519 亿年前至 2.013 亿年前

距今 2.2 亿年 *Peteinosaurus* 蓓天翼龙 *Preondactylus* 沛温翼龙 *Austriadactylus* 奥地利翼龙

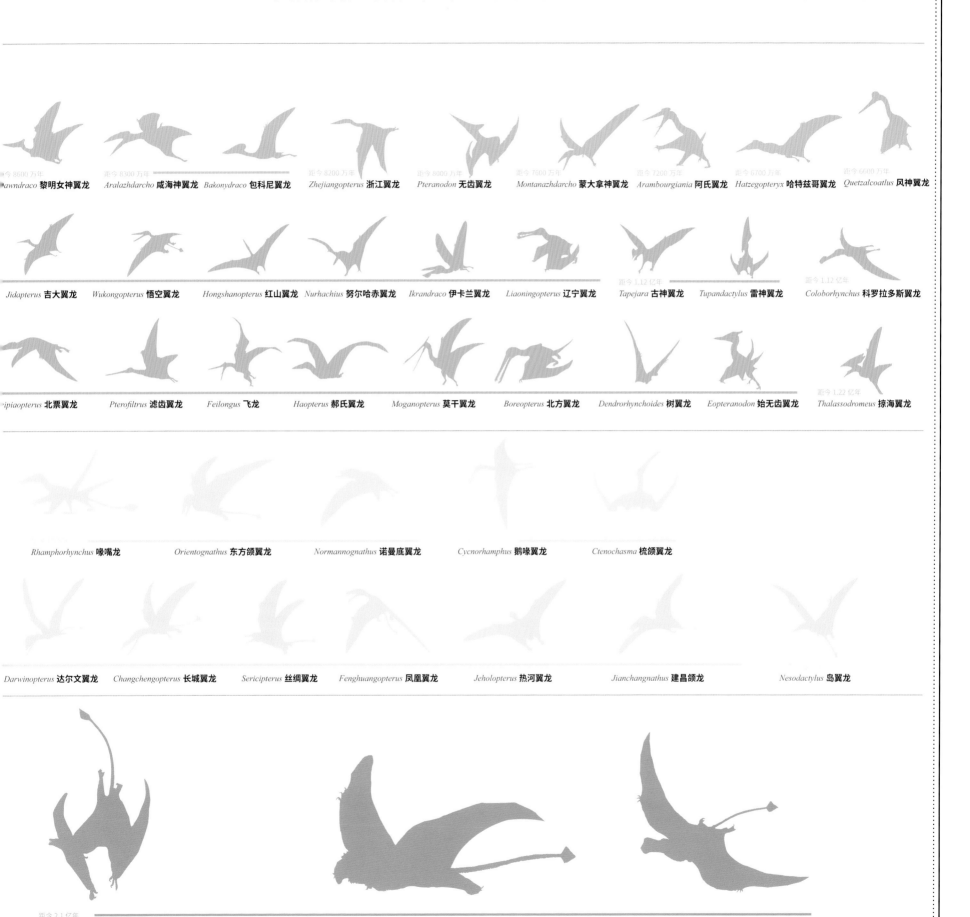

参考资料：国际地层年代表（2014）　资料来源：国际地质科学联合会（IUGS）　编绘机构：PNSO 啄木鸟科学艺术小组

距今 8600 万年
awndraco 黎明女神翼龙

距今 8300 万年
Aralazhdarcho 咸海神翼龙

Bakonydraco 包科尼翼龙

距今 8200 万年
Zhejiangopterus 浙江翼龙

距今 8000 万年
Pteranodon 无齿翼龙

距今 7600 万年
Montanazhdarcho 蒙大拿神翼龙

距今 7200 万年
Arambourgiania 阿氏翼龙

距今 6700 万年
Hatzegopteryx 哈特兹哥翼龙

距今 6600 万年
Quetzalcoatlus 风神翼龙

Jidapterus 吉大翼龙

Wukongopterus 悟空翼龙

Hongshanopterus 红山翼龙

Nurhachius 努尔哈赤翼龙

Ikrandraco 伊卡兰翼龙

Liaoningopterus 辽宁翼龙

Tapejara 古神翼龙

Tupandactylus 雷神翼龙

距今 1.12 亿年
Coloborhynchus 科罗拉多斯翼龙

ipiaopterus 北票翼龙

Pterofiltrus 滤齿翼龙

Feilongus 飞龙

Haopterus 郝氏翼龙

Moganopterus 莫干翼龙

Boreopterus 北方翼龙

Dendrorhynchoides 树翼龙

Eopteranodon 始无齿翼龙

距今 1.22 亿年
Thalassodromeus 掠海翼龙

Rhamphorhynchus 喙嘴龙

Orientognathus 东方颌翼龙

Normannognathus 诺曼底翼龙

Cycnorhamphus 鹅喙翼龙

Ctenochasma 梳颌翼龙

Darwinopterus 达尔文翼龙

Changchengopterus 长城翼龙

Sericipterus 丝绸翼龙

Fenghuangopterus 凤凰翼龙

Jeholopterus 热河翼龙

Jianchangnathus 建昌颌龙

Nesodactylus 岛翼龙

距今 2.1 亿年
Eudimorphodon 真双型齿翼龙

Carniadactylus 卡尼亚指翼龙

Caviramus 空枝翼龙

本书涉及主要古生物化石产地分布示意图

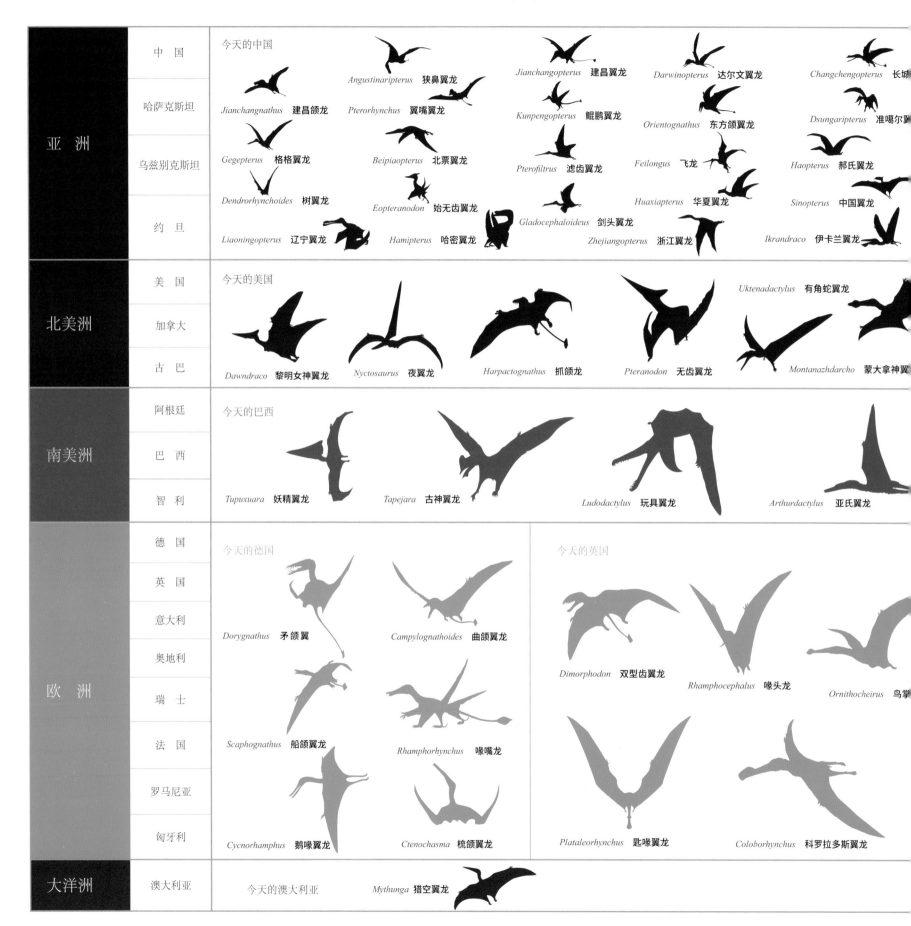

亚 洲	中 国	今天的中国
	哈萨克斯坦	*Angustinaripterus* 狭鼻翼龙 *Jianchangopterus* 建昌翼龙 *Darwinopterus* 达尔文翼龙 *Changchengopterus* 长城翼龙
		Jianchangnathus 建昌颌龙 *Pterorhynchus* 翼嘴翼龙 *Kunpengopterus* 鲲鹏翼龙 *Orientognathus* 东方颌翼龙 *Dsungaripterus* 准噶尔翼龙
	乌兹别克斯坦	*Gegepterus* 格格翼龙 *Beipiaopterus* 北票翼龙 *Pterofiltrus* 滤齿翼龙 *Feilongus* 飞龙 *Haopterus* 郝氏翼龙
		Dendrorhynchoides 树翼龙 *Eopteranodon* 始无齿翼龙 *Huaxiapterus* 华夏翼龙 *Sinopterus* 中国翼龙
	约 旦	*Gladocephaloideus* 剑头翼龙 *Liaoningopterus* 辽宁翼龙 *Hamipterus* 哈密翼龙 *Zhejiangopterus* 浙江翼龙 *Ikrandraco* 伊卡兰翼龙
北美洲	美 国	今天的美国
	加拿大	*Uktenadactylus* 有角蛇翼龙
	古 巴	*Dawndraco* 黎明女神翼龙 *Nyctosaurus* 夜翼龙 *Harpactognathus* 抓颌龙 *Pteranodon* 无齿翼龙 *Montanazhdarcho* 蒙大拿神翼
南美洲	阿根廷	今天的巴西
	巴 西	
	智 利	*Tupuxuara* 妖精翼龙 *Tapejara* 古神翼龙 *Ludodactylus* 玩具翼龙 *Arthurdactylus* 亚氏翼龙
欧 洲	德 国	今天的德国 今天的英国
	英 国	
	意大利	*Dorygnathus* 矛颌翼 *Campylognathoides* 曲颌翼龙
	奥地利	*Dimorphodon* 双型齿翼龙 *Rhamphocephalus* 喙头龙 *Ornithocheirus* 鸟掌
	瑞 士	
	法 国	*Scaphognathus* 船颌翼龙 *Rhamphorhynchus* 喙嘴龙
	罗马尼亚	
	匈牙利	*Cycnorhamphus* 鹅喙翼龙 *Ctenochasma* 梳颌翼龙 *Plataleorhynchus* 匙喙翼龙 *Coloborhynchus* 科罗拉多斯翼龙
大洋洲	澳大利亚	今天的澳大利亚 *Mythunga* 猎空翼龙

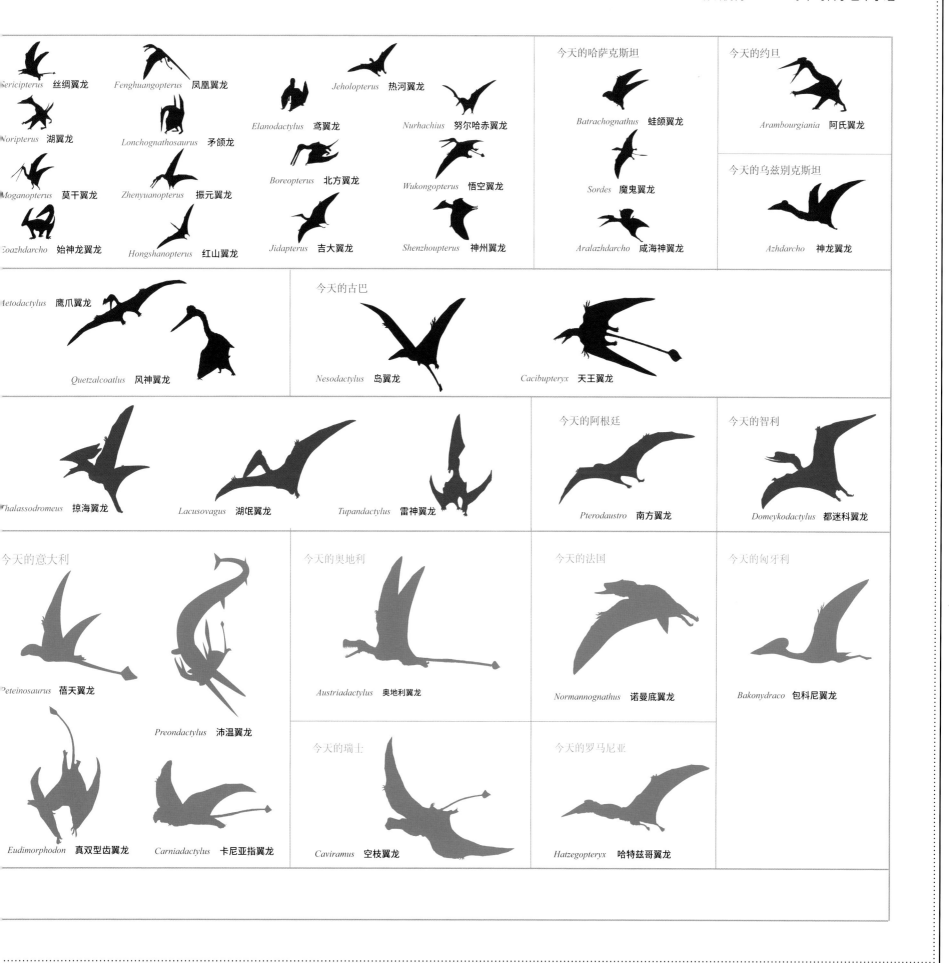

编绘机构：PNSO 啄木鸟科学艺术小组

Sericipterus 丝绸翼龙　　*Fenghuangopterus* 凤凰翼龙

Jeholopterus 热河翼龙

今天的哈萨克斯坦

今天的约旦

Noripterus 湖翼龙　　*Lonchognathosaurus* 矛颌龙

Elanodactylus 鸢翼龙　　*Nurhachius* 努尔哈赤翼龙

Batrachognathus 蛙颌翼龙

Arambourgiania 阿氏翼龙

Moganopterus 莫干翼龙　　*Zhenyuanopterus* 振元翼龙

Boreopterus 北方翼龙　　*Wukongopterus* 悟空翼龙

Sordes 魔鬼翼龙

今天的乌兹别克斯坦

Eoazhdarcho 始神龙翼龙　　*Hongshanopterus* 红山翼龙

Jidapterus 吉大翼龙　　*Shenzhoupterus* 神州翼龙

Aralazhdarcho 咸海神龙翼龙

Azhdarcho 神龙翼龙

Aetodactylus 鹰爪翼龙

今天的古巴

Quetzalcoatlus 风神翼龙

Nesodactylus 岛翼龙

Cacibupteryx 天王翼龙

Thalassodromeus 掠海翼龙

Lacusovagus 湖氓翼龙

Tupandactylus 雷神翼龙

今天的阿根廷

Pterodaustro 南方翼龙

今天的智利

Domeykodactylus 都迷科翼龙

今天的意大利

今天的奥地利

今天的法国

今天的匈牙利

Peteinosaurus 蓓天翼龙

Austriadactylus 奥地利翼龙

Normannognathus 诺曼底翼龙

Bakonydraco 包科尼翼龙

Preondactylus 沛温翼龙

今天的瑞士

今天的罗马尼亚

Eudimorphodon 真双型齿翼龙　　*Carniadactylus* 卡尼亚指翼龙

Caviramus 空枝翼龙

Hatzegopteryx 哈特兹哥翼龙

寂静的三叠纪

如果世界上有一个地方遥不可及，那么大家一定希望有朝一日能够抵达那里。这不仅仅是人类才有的欲望，它流淌在每一种生命的血液里。

于是，飞向蓝天便成了无数生命的终极梦想。

生命张开双翼进入一个广阔而未知的世界，接受自由与希望之神的召唤。那种感觉不曾经历便一定不能体会，所以，一群本应该享受大地恩赐的爬行动物开始跃跃欲试，它们长出翼膜，然后试图接近天空。

它们是第一群飞上蓝天的脊椎动物，被称为翼龙。

从人类第一次发现翼龙的化石到现在，已经过去了二百多年，但翼龙仍然是谜一样的动物。没有人知道它们起源于哪里，没有人知道它们为生存准备了些什么，当它们华丽地出现于三叠纪晚期的天空时，它们的姿态与至美的天空浑然一体，仿佛就是为飞翔而生的。

诞生于晚三叠世的翼龙几乎全都集中于今天欧洲的中南部，它们并没有急于在地域上做较大的突破，在生存的早期，它们几乎将全部精力都放在如何让自己拥有更完美的飞行能力上。对于一种试图融入新世界的生命来说，这显然是一种极为智慧的生存手段。

当然，它们的努力也很快有了回报，这群被称为非翼手龙类的早期翼龙家族成员，虽然个体较小，结构也相对原始，却在极短的时间内就演化出了完美的飞行结构。到侏罗纪早期时，它们已然成为天空的主宰者。

想来，那些曾经骄傲地俯瞰大地的昆虫们，也因为身边这些新的邻居而度过了不少不安与惶恐的日子吧！

蓓天翼龙

2.2 亿年前，今天的意大利

　　习惯就像一个魔咒，时刻都在告诉你：这样就很好，千万不要有什么改变！于是，懒惰就这样滋生了，得过且过的家伙们越来越多。但显然，蓓天翼龙是个特别的家伙，它不想过这样的生活。

　　它就想在天空飞翔，就算是乌云密布，风暴来袭，黑压压的天空也对它充满诱惑。

　　但是，它总还是生活在世俗的眼光中，特立独行并不容易。它要经得住大家的冷眼与嘲讽，过了这道坎儿，便会是一道风景；过不了，便只能成为大家的笑谈。

　　值得高兴的是，作为最早的翼龙之一，蓓天翼龙成功地诠释了什么叫为属于自己的生活而努力。

　　蓓天翼龙的体形很小，翼展大约只有 60 厘米，只适合短距离飞行。它的脑袋很大，嘴里长有三种形状的牙齿，是捕食昆虫的高手。

沛温翼龙

2.2 亿年前，今天的意大利

　　没有风的日子像童话一般美丽，平静的海面，在远处与天连成一线。沛温翼龙振动双翼，独享着这份美丽，广阔的天海之间，好像全都是属于它的世界。

　　作为最早期的翼龙成员，是浩瀚的天空给了沛温翼龙与同伴们巨大的魔力与动力，让它们努力地在天空翱翔。

　　沛温翼龙忘情地闭上了眼睛。它忘记了越是平静的时候越要谨慎，它忘记了危险从来都不喜欢大肆张扬。

　　可是，说什么都来不及了。沛温翼龙被一张细长的、布满利齿的嘴死死咬住身子拖到了海里。

　　沛温翼龙是最原始的翼龙之一，身体娇小，翼展约 45 厘米，脑袋尖长，脖子短粗，后肢强壮，仍然拥有较强的陆地行走能力。

奥地利翼龙

2.2 亿年前，今天的奥地利

交配繁衍的季节到了，雄性翼龙们都急匆匆地使出浑身解数，想要赢得雌性翼龙的芳心。它们不想错过任何一个机会，成功交配是家族顺利延续的保证。

不过，奥地利翼龙看上去要淡定多了。它们可不是因为懒惰而要放弃这大好时机，只是因为头上别致的头冠，让它们幸免于这场激烈的竞争。

提起翼龙，大家总是能想到华美的嵴冠，可事实上，早期翼龙绝大多数都是没有嵴冠的。正因为如此，奥地利翼龙才会成为它们中间最为特别的成员。

奥地利翼龙有着十分独特的嵴冠，从额骨一直延伸至前上颌骨，并在鼻孔处达到顶点。在求偶时，它们漂亮的嵴冠会呈现出不同的颜色，绚丽无比，牢牢地吸引住异性的目光，这正是它们能如此冷静的原因。

真双型齿翼龙

2.1 亿年前，今天的意大利

　　如果真双型齿翼龙不会飞翔，就不会那么轻易地发现海面上那条无所事事的鱼；如果它不会飞翔，就不会短时间内从遥远的地方赶来落在海岸边那块岩石上；如果它不会飞翔，那条小鱼也不会乖乖地跑到它嘴里。

　　可是，生活中没有那么多如果，一切甜蜜的果实都是因为当初辛勤的播种。真双型齿翼龙的生存时间虽然很早，但是已经具备了许多较为先进的特征。它的身体很小，前肢长而后肢短，双翼狭长，尾巴粗壮，这些都是适合飞翔的条件。凭借如此优秀的天赋，再加之坚持不懈的努力，实现飞翔的梦想便是理所当然的了。

卡尼亚指翼龙

2.1 亿年前，今天的意大利

卡尼亚指翼龙一早就离开巢穴，开始了一天辛勤的捕猎生活。它没有向水边飞去，那些鱼儿有太多的掠食者想要争抢。它要去的是不远处那片茂盛的森林，那里到处都是胖乎乎的昆虫，想想就直流口水。

另辟蹊径是生活的智慧，就像卡尼亚指翼龙，因为它懂得自己娇小的体形与特别的牙齿究竟适合什么，不至于陷入激烈竞争的旋涡。

空枝翼龙

2.1 亿年前，今天的瑞士

　　尽管翼龙已经非常努力了，可是它们仍然没能成为三叠纪天空的主人，有太多的昆虫与它们分享着广阔的天空。

　　一只空枝翼龙展开长长的双翼，自由地在林间飞翔。它修长的尾巴时刻为它把控着方向，低矮的嵴冠则冲破空气的阻力，让它顺利前行。它不是去捕食，而是想要找些朋友，陪它一起度过漫长的一天。

　　由于空枝翼龙的化石只有一块下颌骨碎片，因此科学家并不知道它们确切的模样。他们只是根据与其关系较近的曲颌翼龙科成员推测出，它们的脑袋尖长，眼睛很大，双翼很长，身体较瘦，长长的尾巴后面带有骨片，是典型的非翼手龙类的样子。

梦幻的侏罗纪

对于翼龙来说，侏罗纪充满着梦幻的色彩。

它们才刚刚张开双翼感受这个世界，可一转眼的工夫，便成了这个世界的主宰者。这的确让翼龙们有些意外，不过细细想来又在情理之中。

在侏罗纪成功地翱翔天际的是一群名为非翼手龙类的翼龙，囊括了所有较为原始的翼龙，包括双型齿翼龙科、蛙嘴翼龙科、曲颌翼龙科、喙嘴龙科、悟空翼龙科，它们中有一些在三叠纪就已经出现了。和后期出现的更为先进的翼手龙类相比，它们绝大部分的颈部都比较粗壮，嘴里长满尖牙，有一条长长的尾巴，尾巴末端有控制方向的骨片，头上没有华丽的头冠。

不过，事事都有例外，很多非翼手龙类个性张扬，表现出了与众不同的气质。比如早在三叠纪就已经出现的曲颌翼龙科的奥地利翼龙，头上就长有十分独特的冠饰；再比如蛙嘴龙科成员几乎都没有尾巴，喙嘴龙科成员虽然也长着尖牙，但它们的尖牙锋利无比、向外龇出，与其他翼龙的牙齿有着显著的区别。而最为特别的是悟空翼龙科成员，比如建昌翼龙、达尔文翼龙等。它们拥有尾部长、第 V 趾发达等非翼手龙类的特征，同时又具有脖子修长、鼻孔和眶前孔合为一体的鼻眶前孔等先进的翼手龙类才有的特点。它们被认为是原始的非翼手龙类向先进的翼手龙类过渡的物种。

能够做与众不同的自己始终都是一件值得庆幸的事情，想要在一个全新的环境中站稳脚跟，没有些许独特的本领，只是空怀梦想，恐怕很难实现。

非翼手龙类家族的各个成员，它们真正诠释了如何让梦想成真。

不过，这也只是个开始罢了。

双型齿翼龙

2 亿年前，今天的英国

一只双型齿翼龙正奋力挥动双翼，穿过绚丽的晚霞。

双型齿翼龙是一种体形娇小的、较为原始的翼龙。它们的脑袋很大，几乎占了体长的 1/5，为了减轻脑袋的重量，在它们的头骨上有许多孔洞。它们有一双大大的眼睛，视力很好；嘴里长有两种形状的牙齿，前部的牙齿又长又尖，后面的牙齿则非常细小；身体骨骼是中空的，能更轻便，尾巴上长有菱形骨片，用以控制方向。虽然双型齿翼龙的身体结构并不那么完美，翼幅面积也很有限，但是看到它们此刻的努力就会知道，它们迟早会成为优秀的飞行者。

曲颌翼龙

1.9 亿年前，今天的德国

　　生活会赋予每个生命独特的生存本领，比如奥地利翼龙拥有华丽的头冠，而和奥地利翼龙同属于曲颌翼龙科的曲颌翼龙则有着优秀的夜视能力，可惜很多生命只顾忙碌生活却从没有真正地了解过自己。

　　傍晚来临了，翼龙们在天空中追逐嬉戏，不久之后，它们就要归巢了，当夜幕降临，便要在温暖的巢穴中安然入睡。

　　可是曲颌翼龙却要在这个时候离开巢穴，向远方飞去。天很快黑了下来，四周一片寂静，它低鸣着飞进神秘的黑暗中。

　　并不是所有的翼龙都能在漆黑的夜晚翱翔，这样的翼龙必须具备良好的夜视能力，曲颌翼龙便是如此。在黑暗中飞翔让曲颌翼龙可以独自享受静谧的夜晚，轻轻吹过的夜风，还有像宝石般璀璨的星空。

矛颌翼龙

1.89 亿年前，今天的德国

一只矛颌翼龙飞落在一棵半枯的树干上，机敏地望向四周。它嘴巴微张，露出令猎物不寒而栗的牙齿。其实，就算它紧闭着嘴巴，那些牙齿也会倔强地从嘴巴两边龇出来，像一把把利剑，闪着寒光。

此刻，这只矛颌翼龙正四下寻找合适的猎物，因为有那些可怕的牙齿，捕猎对它来说并不是难事。只要是它看中的猎物，没有谁能从那些"利剑"下逃脱。追捕、咬合、刺穿……这一系列动作总是一气呵成，拼命挣扎的猎物所要面对的只有死亡！

属于喙嘴翼龙科的矛颌翼龙是这片天空的王，它用锋利的牙齿征服了猎物和广阔的天空。

喙头龙

1.69 亿年前，今天的英国

一只喙头龙愉快地歌唱着从海面上飞过。

对于喙头龙来说似乎没有什么值得骄傲的，体形中等、样貌一般，注定是一只普通的翼龙。但是喙头龙并不介意，因为它知道自己长有家族喙嘴龙科特有的锋利而向外龇出的牙齿。这些牙齿在别的翼龙眼中或许非常丑陋，但是在喙头龙看来，它们却是它幸福快乐的来源。那些牙齿天生就是为捕鱼而生的，只要喙头龙愿意张开大嘴，它们就会把源源不断的鱼儿送到嘴里。能够从来都不为食物发愁，喙头龙还会奢求什么样的不平凡呢？

狭鼻翼龙

1.65 亿年前，今天的中国四川

这个世界似乎就是属于恐龙的，森林、高山、湖边，到处都是它们的身影。狭鼻翼龙一边在天上盘旋着，想要找一片湖抓条鱼吃，一边又担心会遭到恐龙的攻击。

没过多久，它的肚子就抗议了，咕咕咕地叫个不停。它的双翼也闹起了脾气，像驮着两块大石头那样沉。

无奈之下，狭鼻翼龙只好胡乱选了个湖，想着下去抓条鱼就飞起来。可是当它靠近湖面的时候才发现，这里不仅有凶猛的恐龙在饮水，水里还有更可怕的家伙正盯着它看上的那条鱼。管不了那么多了，狭鼻翼龙心一横，张开大嘴，竟然在那水里的巨怪靠近之前，成功地咬住了那条鱼。

狭鼻翼龙属于悟空翼龙科，是一种由非翼手龙类向翼手龙类过渡的翼龙，同时具有两类翼龙的一些特征。它的身体娇小，翼展不足 2 米，有一个长长的脑袋，嘴里布满锋利的牙齿；它的脖子粗壮有力，尾巴修长，末端长有一个骨片。

建昌翼龙

1.6 亿年前，今天的中国辽宁

逐渐适应天空的翼龙不断地壮大着自己的队伍，它们首先要做的就是让自己的种类尽快丰富起来。除了曲颌翼龙科、喙嘴龙科等种群迅速发展外，向更加先进的翼手龙类过渡的悟空翼龙科也开始崛起。

一只建昌翼龙在阳光下飞舞，它小小的翼膜被照得五彩斑斓。建昌翼龙和狭鼻翼龙一样，也来自悟空翼龙科。它就和一只麻雀差不多大，胖乎乎的身体、圆溜溜的眼睛，看起来那么可爱。对，可爱，除了可爱，似乎找不到其他更合适的词语来形容它了。它实在没办法跟其他的翼龙较量，身体太小，还没有别人的脑袋大，翼展也太小，完全伸展开也就 32 厘米。但是它一点也不在意，因为它看到的都是这小小的身体带来的优势：行动灵活，胃口也不大，不用总是那么辛劳，随意捉些虫子，便一整天都不会饿。

达尔文翼龙

1.6 亿年前，今天的中国辽宁

　　肚子好饿，可是达尔文翼龙却不能出去觅食。它必须要照顾那些尚未被孵化的蛋宝宝，掠食者们可都流着口水时刻寻找机会向蛋宝宝们下手呢！

　　远处，一抹红色出现在空中，这只雌性达尔文翼龙高兴起来。它就是被那个漂亮的头冠吸引的，雄性翼龙的头冠总是那么夺目。

　　达尔文翼龙也属于悟空翼龙科，它比建昌翼龙魁梧不少，翼展约有 1 米。和身体的其他部位相比，它的脑袋显现出了明显的进步性。这并不奇怪，动物身体的不同结构是能够按照不同的速度进化的。而达尔文翼龙就遵循了这样的模块进化方式，导致头部相比身体其他部位更为进步。不过，随着时间的推移，它身体的其他结构也会在自然选择机制的作用下，慢慢发生变化。

长城翼龙

1.6 亿年前，今天的中国河北

当翼龙逐渐可以认真地享受天空的生活，而不会被天空喜怒无常的脾气弄得不知所措，被四周不断鸣叫的昆虫扰得心神不宁的时候，它们愈发像是天空的主人了。不过，这并不意味着它们从此可以过上平静的生活，别忘了，向往飞翔的动物们每时每刻都在觊觎那蔚蓝的天空。

天空是那样漂亮，以至于风都不忍心刮，好让大树能安静地仰望它，云朵也在它身体里留恋着。要是以往，悟空翼龙科家族的那只长城翼龙一定会舒展开身体，静静地让天空环抱着，用身体的每一个毛孔感受天空的美丽。可是今天，它完全顾不上欣赏这美景，它的好心情全都让一只近鸟龙给搅没了。

近鸟龙是一只恐龙，却会在天空滑翔。它没完没了地在树林间练习着滑翔的技巧，一会儿起飞，一会儿降落，在长城翼龙眼前飞来飞去。好端端的风景就这样被近鸟龙破坏了。

长城翼龙有些生气，它决定教训教训这个初入天空的家伙，好让它知道想要同翼龙们分享天空并没有那么容易。

丝绸翼龙

1.6 亿年前，今天的中国新疆

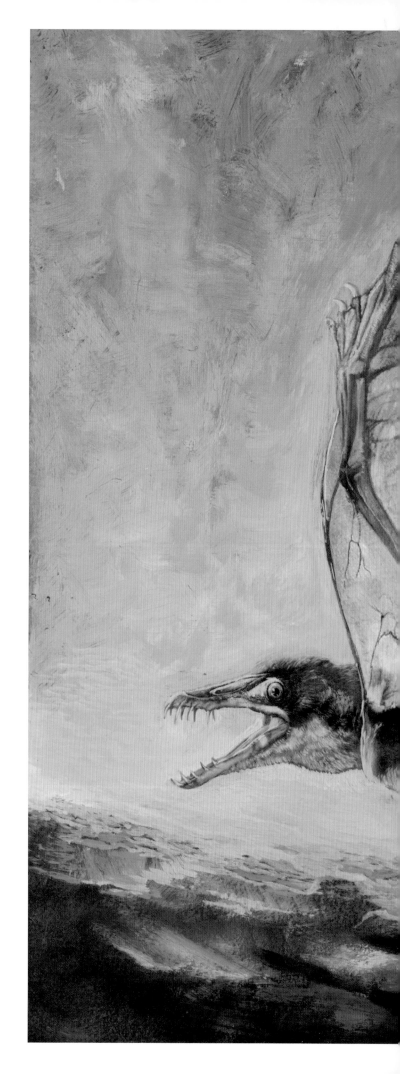

活动前肢、活动后肢、活动尾巴、活动双翼，准备，起飞……丝绸翼龙做完了一系列准备活动，终于翱翔在天空中。

对于翼龙来说，飞翔就像吃饭一样平常，可丝绸翼龙的每一次起飞都极其隆重。

森林里的翼龙们不禁嘲笑起丝绸翼龙来，它们窃窃私语，猜想着它一定是要去海边捕鱼，在捕食前还不知道有多少笨拙可笑的准备活动呢！

可是，丝绸翼龙要让它们失望了。丝绸翼龙并没有去海边，相比大家都在争抢的滑溜溜的小鱼，它更喜欢捕食陆地上那些小动物，这得益于它不同于喙嘴龙科家族里其他成员的独特的牙齿。它从来都没有告诉过其他翼龙自己这样与众不同的选择，因为它并不介意大家看待自己的眼光。它知道生活中的勇气并不能从自负和冲动中获得，只有敢于打破常规才是真正的勇者。

凤凰翼龙

1.6 亿年前，今天的中国辽宁

一只凤凰翼龙张开大嘴，正要捕食一只蜻蜓。

凤凰翼龙来自喙嘴龙科家族，它是个暴脾气的家伙，生活在那片森林里的翼龙都知道。

拥有暴脾气肯定得有个好身体，不然那些更厉害的角色瞬间就能把你的气焰压下去，那凤凰翼龙究竟是凭什么支撑着它的暴脾气呢？让我们来看看。它有着比一般翼龙更加强壮的身体，几乎和脑袋一样长的粗壮的脖子、强劲有力的四肢、宽阔的双翼、细长却可以灵敏地控制方向的尾巴，当然，更重要的是还有一嘴锋利恐怖的牙齿，这些牙齿的数量超过 30 颗，对任何猎物和对手来说都是可怕的噩梦。

不过，你别以为暴脾气的凤凰翼龙会随便发脾气，要不是遇到弱小的或者年老的翼龙被欺负，它还是会努力地做一位绅士的。

热河翼龙

1.6 亿年前，今天的中国内蒙古

　　湖水轻轻地荡漾着，水汽被阳光带到了空中，热河翼龙张开华丽的双翼，下意识地飞高了一些，想超越水汽上升的速度。

　　热河翼龙来自蛙嘴龙科家族，虽然翼展只有 1 米，却是家族中最大的成员。它们长有一个扁宽的脑袋，四肢强壮，尾巴极其短小。蛙嘴翼龙科是非翼手龙类中非常个性的一个群体，它们用短尾甚至无尾代替了长长的尾巴，你别担心这会对它们在飞行中控制方向造成影响。事实上，如果从另一个角度看，短小的尾巴会让它们的飞行更灵活，而把控方向的问题就交给身体的其他部位去解决吧！

建昌颌龙

1.6 亿年前，今天的中国辽宁

    翼龙们都去捕猎了，只有建昌颌龙还优哉游哉地趴在树干上。天气很凉爽，一阵小风吹来，建昌颌龙挺直了身子。让风拂着它脖子下面的绒毛轻轻划过。这样好的天气它可不想浪费，生活里不应该只有食物，还要有一切美好的东西。

    建昌颌龙当然不会让自己饿肚子。虽然它在喙嘴龙科中算是体形较小的，但凶猛无比。狭长的脑袋像匕首一般，轻易就能在水里捕食到想吃的鱼。它总是等大家都忙完了，才从树干上起身去觅食。它低飞在空旷的水面上，一双大大的眼睛机敏地寻找着猎物。很快，它就发现了心仪的家伙，嘴里那些蠢蠢欲动的尖牙便准确无误地朝猎物而去。

    水花被一条小鱼的尾巴带起，在水面上连成一条线，一直伸到建昌颌龙的嘴里。水花又重新落下的时候，小鱼早已经在建昌颌龙的肚子里了。

岛翼龙

1.58 亿年前，今天的古巴

　　一只岛翼龙抖抖双翼想要赶走身上湿答答的水汽，它准备到海边去捕鱼了。它一路飞得很快，有风和阳光帮忙，那些软绵绵的绒毛很快就重新变得神采奕奕。海边到了，不过岛翼龙并没有在海面上盘旋寻找猎物，而是攀爬在海岸边一处峭壁上，一边晒着太阳，一边等待着猎物出现。

　　这样悠闲的捕食过程并不是每只翼龙都能享受得到的，如果你没有掌握在地面和陡峭的岩石上稳健行走的能力，那么，此时的你只能吹着海风在海面上苦苦等候了。

　　岛翼龙来自喙嘴龙科，体形中等，翼展能有 2 米。它的翼展很窄，但后肢强壮，有较强的攀爬能力。

天王翼龙

1.58 亿年前，今天的古巴

海水透亮得就像一面镜子，一条小鱼躲过了维那勒斯龙的
追捕，正躲在一丛水草后面休息。小鱼不知道，此时的海面上
正伏下一团黑影。黑影的模样看上去真恐怖，尖尖的嘴、锋利
的牙，巨大的双翼像是要把大海紧紧抱住。黑影慢慢接近水
面，没有引起任何动物的注意，直到它觉得距离够近了，便一
头扎进水里，准确地朝小鱼扑了过去。

刚刚逃过一劫的小鱼，恐怕是没办法逃脱这次的猎捕
了，它还没看清楚猎人——天王翼龙——的模样，便被一口吞
了下去。

因为加勒比海道的出现，西特提斯海和东太平洋之间的海
洋生物得以频繁地交流。很多动物通过海道来到这里，它们享
受着这片海水的恩赐，却也不得不时刻警惕，以免自己成为猎
人的食物。

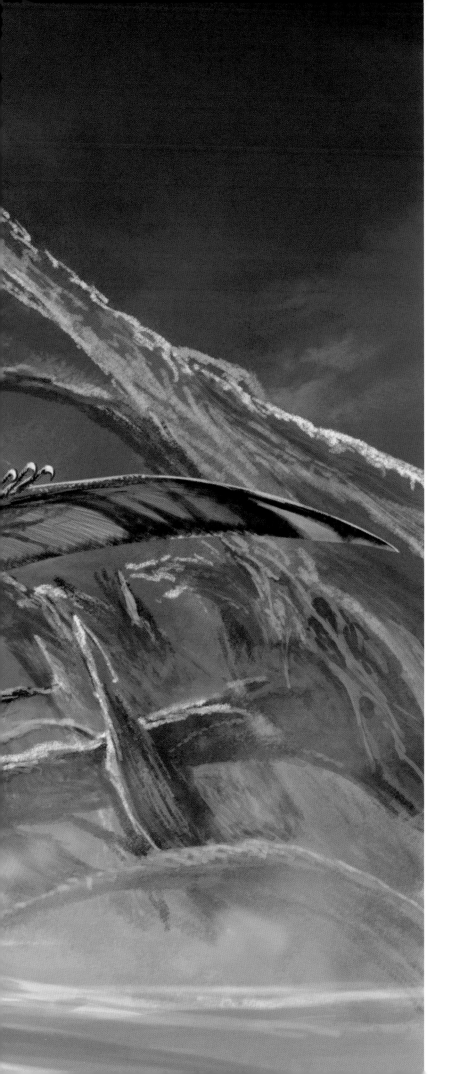

翼嘴翼龙

1.57 亿年前，今天的中国内蒙古

在海上捕食并不是件浪漫的事情，只要你遇到过发脾气的海浪就知道这里面的苦头了。可是，翼嘴翼龙却一点都不认同这样的说法。

翼嘴翼龙在巨浪中灵敏地穿梭，寻找着那些不停地对大海抱怨的猎物们。它们只顾着埋怨疯狂的浪花，却没有注意到翼嘴翼龙已经张着嘴巴飞来了。

翼嘴翼龙来自喙嘴龙科家族，体形不大。它的头顶有一个漂亮的冠饰，嘴中布满锋利细小的牙齿，身体很小，只有大约85厘米，尾巴很长，超过了身体的长度。

鲲鹏翼龙

1.56 亿年前，今天的中国辽宁

鲲鹏翼龙在水面上捕食到一条新鲜的鱼儿，并且很快就把它吞到了肚子里。这并没有什么血腥的，鱼儿吃小鱼，它吃鱼儿，还有更大的掠食者时刻想要把它吞到肚子里，它们都是大自然生态平衡的贡献者。

一切都是那么美好，鲲鹏翼龙站在阳光下，一边让太阳把自己被水沾湿的羽毛晒干，一边想要把消化不了的鱼骨和鱼鳞吐出来。可就在这时候，灾难发生了，从山上滚落而下的乱石突如其来，鲲鹏翼龙来不及躲闪，便带着刚刚吃饱的小幸福痛苦地离去了……

生活中有许多意外，鲲鹏翼龙想不到死亡会在那么美好的早晨发生。而亿万年后人类也想不到，会在保存精美的鲲鹏翼龙的化石中发现鱼骨和鱼鳞的残渣，并据此推断它极有可能是一种反刍动物。

蛙颌翼龙

1.55 亿年前，今天的哈萨克斯坦

蛙颌翼龙刚出生的时候，说起来还真是有些不幸，因为拥有家族蛙嘴龙科独特的短尾巴，它总是被那些长尾巴的同伴嘲笑。

它不明白生活为什么对它这么不公平。直到那天早晨，它站在树枝上开始第一次飞行，才知道原来短短的尾巴是为了让它更灵活地在丛林中穿行。那一刻，蛙颌翼龙终于明白了，原来生活对每个生命都是公平的，可惜的是我们常常发现不了生活的真谛。

蛙颌翼龙体形很小，脑袋倒是又大又宽，看起来非常像青蛙。它的翼展较宽大，四肢和尾巴都很短小，喜欢捕食昆虫。

船颌翼龙

1.55 亿年前，今天的德国

　　船颌翼龙长着一个奇怪的下颌，它不像大部分翼龙那样又细又尖，而是又圆又钝，看起来粗鄙极了。可船颌翼龙并不介意，事实上，它正想着能用这个和喙嘴龙科家族成员全然不同的下颌做点什么。

　　就比方说那天下午，船颌翼龙在水面上捕鱼时，就试着用下颌去破开水面。奇迹发生了，它没想到在下颌的帮助下，入水变得那么轻松，几乎没有捕食的障碍。现在，它已经得意地飞离了水面。而刚刚就站在水边，被它那一系列完美的动作而吸引的恐龙，到现在都还没缓过神来。

　　船颌翼龙来自喙嘴龙科，因为下颌呈船形而得名。这样特别的下颌似乎是为捕鱼而生的，能帮助它最大地减轻水的阻力。

抓颌龙

1.55 亿年前，今天的美国

虽然刚刚进食了一顿不错的午餐，但是当抓颌龙看到一只慵懒的小不点儿趴在地上晒太阳时，还是忍不住咽起了口水。它张大嘴巴，露出喙嘴龙科家族成员特有的锋利的牙齿，双翼带动身体，径直朝那个小可怜俯冲下去。

它并不害怕别的翼龙来跟它争夺食物，它的身体巨大，在整个非翼手龙类中都是数一数二的，说实话，没有几只翼龙敢向它发起挑战。更何况它们现在全都在懒洋洋地睡午觉，根本没发现即将要从眼皮底下溜走的美味。

所以不要总是羡慕那些成功的家伙拥有比自己优越的先天条件，当你在蒙头睡觉的时候，它们正对生活付出你从来没有过的努力。

魔鬼翼龙

1.53 亿年前，今天的哈萨克斯坦

天空原本蓝得透亮透亮的，就像一块水晶。几块乌云将这蓝弄得浓稠而厚重，透出一股阴郁的味道，就像魔鬼翼龙现在的心情。

魔鬼翼龙自认为是喙嘴龙科家族中一名出色的猎手，可是没有一只翼龙相信它。它们说它的牙齿那么小，怎么会成为出色的掠食者呢！

可是它们哪里知道，魔鬼翼龙拥有极其灵敏的嗅觉，就算是眼睛被翻滚的浪花或动荡的水波所干扰，它的鼻子也还是可以迅速地辨别出里面有没有自己喜欢的鱼儿。单凭这一点，它就是一位出色的猎手。可是那些只钟情于外表而从不关心内在的翼龙们，又怎么会知道呢？

喙嘴龙

1.5 亿年前，今天的德国

　　两只年幼的喙嘴龙在岩石上跃跃欲试，等待合适的时机向水中的猎物出击。

　　水上的风很急，浪也很大，啪嗒啪嗒地敲击着它们脚下的岩石。那声音听上去可怕极了，好像转瞬之间就要把它们连同那坚硬的岩石一起吞下去。可是，喙嘴龙不怕。它们年纪虽小，可见识却多得不得了，只凭着疾风巨浪就要把它们吓倒可没那么容易。

　　喙嘴龙不仅是喙嘴龙科甚至是整个翼龙家族独立生活的好手。它们还在胚胎阶段的时候，骨骼就已经发育得很好了，这是很多翼龙都做不到的；它们刚刚破壳而出，便具有了自由行动的能力；而再过上几个星期，就能完全依靠自己飞上天空，捕食猎物。

　　它们早早地见识了生活的美好，也体会到了生存的残酷，所以眼前这一点点困难对它们来说根本不值一提。

东方颌翼龙

1.5 亿年前，今天的中国辽宁

　　进入晚侏罗世，翼龙家族的竞争变得越来越激烈。它们寻找各种途径让自己的家族变得更加强大，数量、种类或者体形，它们并不介意通过何种方法达到最终的目的。

　　山间有一个湖，湖面宽广，湖水清澈，湖中的食物丰盛无比，可是湖的上空常常只见几只东方颌翼龙的身影，而不见其他翼龙。不过，如果你走出山间，去森林里那些窄小的湖边看看，便发现那里挤满了翼龙，它们宁愿在那里争抢食物，也不来这山间的湖。它们不是不想，而是不敢，因为东方颌翼龙是这里的王，拥有其他翼龙所没有的硕大的身体。

　　靠巨大而强壮的身体能够从激烈的竞争中脱颖而出，这个道理东方颌翼龙很早就懂。所以，它们苦练身体，让家族在一代又一代的演化中不断壮大。终于有一天，它们成了这里最大的翼龙。它们以为曾经和它们生活在一起的翼龙会向它们发起挑战，可是并没有，那些翼龙就像第一次见到它们一样，立刻对它们俯首称臣。

诺曼底翼龙

1.5 亿年前，今天的法国

诺曼底翼龙翼展不足 1 米，但是它的野心可不小：它不满足于顿顿都有鱼吃，还要吃那些陆地上的动物。它每次去捕食前都努力地练习，让身体能够更加灵活地在陆地上运动，以便征服那些行动敏捷的动物。这次，它把目标锁定在一只蜥蜴上。

诺曼底翼龙看上的那只蜥蜴正慵懒地趴在岸边的石头上晒太阳，对懒惰的猎物下手总是很容易成功。诺曼底翼龙没有犹豫，快步冲向蜥蜴。当它的双翼在蜥蜴的头顶划出一片阴影时，蜥蜴终于发现了，它起身想要躲避，可是已经来不及了，诺曼底翼龙粗大的牙齿准确无误地插进了它的身体里。

诺曼底翼龙属于翼手龙类中的德国翼龙科，在侏罗纪晚期，先进的翼手龙类终于开始崭露头角，分享了几乎被原始的非翼手龙类占领的天空。

鹅喙翼龙

1.45 亿年前，今天的德国

即便已经飞行了很久，即便身体被大风和烈日折磨得疲惫不堪，鹅喙翼龙依然保持着优雅的姿态，像一位绅士般俯瞰着身下的这片大海。现在，它正想找一个地方落下来。

岸边是扭椎龙和美颌龙，它们正各自栖息着，阳光照在它们身上，闪出华丽的光泽。鹅喙翼龙已经决定了，就落在它们身边的空地上，虽然它的体形很小，但是扭椎龙和美颌龙也不大，它完全不担心自己会遇到危险。

它要好好享受一下这片热闹的浅海，就像位绅士那样优雅地抓点鱼，或者用它长长的嘴巴从泥沙里撬出来一些甲壳类小动物，或者只是停下来晒晒太阳。

这位优雅的鹅喙翼龙属于高卢翼龙科，同样来自先进的翼手龙类。

梳颌翼龙

1.45 亿年前，今天的德国

清晨的阳光透过树叶的缝隙照射到大地上，两只梳颌翼龙踏进湖中，将头低低地埋在冰凉的水里。它们接近 400 颗像钢针一样的牙齿虽然不能强有力地撕扯猎物，却可以像漏斗一样瞬间将大量的鱼搜罗到嘴里。它们就像蓝鲸一样，是滤食性动物，总是能把鱼和水一起吞进嘴里，再慢慢地把水滤出去。

那些鱼早已领教过梳颌翼龙的厉害，一看到漏斗状的嘴巴出现在水面上，便想方设法地躲得远远的。可总有些不走运的家伙，最后被迫涌进了那张可怕的大嘴中。

梳颌翼龙高效的捕食方式似乎预示着翼手龙类将会以更优秀的生存能力亮相翼龙世界，而事实也是如此。随着它们的出现，非翼手龙类的春天渐渐结束了。每一个类群告别生命的舞台时，总是充满悲伤，但是对于整个物种来说，这却是演化过程的必经之路。

辉煌的白垩纪

白垩纪是翼龙最辉煌的年代，这点是确定无疑的。

实际上，从侏罗纪晚期开始，翼龙在天空中的优势已经很明显了。原始的非翼手龙类渐渐退出了生命的舞台，先进的翼手龙类开始崭露头角。与原先非翼手龙类大多集中在欧洲的情况有很大的不同，翼手龙类的生存范围得到了极大的扩展，身影开始遍布亚洲、北美洲、南美洲等地。而且它们的种类愈加丰富，体形、样貌都开始了多样化的发展。

接下来的白垩纪早期是翼龙发展的一个井喷期，无论是在种类还是数量上都有了惊人的突破。到目前为止，科学家发现的超过 40% 的翼龙属种都生活在这个时期。

先进的翼手龙类演化出了多样化的类群，包括梳颌翼龙科、高卢翼龙科、北方翼龙科、德国翼龙科、无齿翼龙科、夜翼龙科、准噶尔翼龙科、朝阳翼龙科、古神翼龙科、神龙翼龙科、帆翼龙科、鸟掌龙科、古魔翼龙科等众多家族，这些类群有着各自独有的特征，或同时或先后占据了白垩纪的天空。与非翼手龙类相比，翼手龙类拥有更为先进的身体结构，比如头骨特别细长，鼻孔与眶前孔融合为一个鼻眶前孔；背椎融合成联合背椎，尾巴很短；前肢上的翼掌骨长；后肢第 V 趾短，由一个残留的趾节构成；许多物种头上有发育良好的头冠；一些先进的种类缺乏牙齿；等等。

到了白垩纪晚期，翼龙的发展达到了最鼎盛的阶段，演化出了翼展超过 12 米的巨型物种，它们成为有史以来最大的飞行者，即使是亿万年后的今天，也没有任何飞行动物能够超越它们。

然而，就在它们以为终于实现了最初的梦想，成为浩瀚天空的王者，与陆地上的恐龙、水里的爬行动物共同分享着这个世界时，灾难突如其来。

究竟是什么原因导致它们在最辉煌的时候走向了灭亡？就如同与它们一起离开这个世界的恐龙一样，这成了人类一直在探索的谜题。不过相比一部分恐龙逃离了灾难，演化成鸟类生活至今，翼龙的命运要悲伤得多。在白垩纪末期，这个天空的传奇彻底从生命的舞台上消失，没有留下一丝一毫的眷恋。

匙喙翼龙

1.42 亿年前，今天的英国

匙喙翼龙是一位优雅的舞者，它常常张开洁白的双翼，在如镜的水面上翩翩起舞。它用优美的舞姿行走于生活中，感受着生活的美。即便是在觅食的时候，它也同样保持着优雅的姿态。

寂静的水面上，匙喙翼龙将嘴巴插入水里，舞动双翅，快速移动，就像在跳一支快节奏的舞。一道亮银般的口子划开了它身后的水面，不过水面很快便又恢复了平静。没有人知道，在水面下，正在上演着一场激烈的斗争。

匙喙翼龙淹没在水中的嘴巴正不断地搅动着水藻和泥浆，逼迫躲在那里的居民出现。然后，它便会抓住机会，将那些猎物统统收入自己的嘴中。只一瞬间的工夫，水下一大批动物便成了它的美餐。

而水面上，依旧平静如初，匙喙翼龙一如既往地优雅地起舞，就像什么都没发生过一样。

匙喙翼龙来自梳颌翼龙科，有着一张前部扁圆的独特的嘴，因此它觅食的方式和绝大部分翼龙都不相同。

都迷科翼龙

1.3 亿年前，今天的智利

都迷科翼龙一早就在追一条小鱼，它当然进不了水里，只能徘徊在空中等着小鱼跃出水面，再一头扎下去，把小鱼抓起来。

第一次，都迷科翼龙像往常那样，一发现猎物，便快速向水面俯冲下去。可是这小鱼的动作太快了，还没等它碰到水面，便刺溜一下钻了回去。

都迷科翼龙没太在意，它接着寻找起下一个目标，可正当它看准了另外一条小鱼，准备进行第二次猎捕时，刚才那条小鱼却又跳了出来，一下子打乱了它的捕食计划。它犹豫了一下，放弃了第二条小鱼，转身去追第一条小鱼，可是那小鱼又游走了。

都迷科翼龙只是想要抓条小鱼当早餐，可是那条逃跑的小鱼总是蹦出来捣乱。这样来来回回了好几次，都迷科翼龙累得气喘吁吁，却连一条鱼都没捕到。不过，它可没打算停下来，它一直这样飞上飞下，好像在和小鱼捉迷藏。它可不知道，在捕食的时候，赌气可不会给自己带来更多的食物。

都迷科翼龙属于准噶尔翼龙科，该家族几乎所有成员的化石都发现于亚洲，只有它是个特例。或许是因为这份孤独，都迷科翼龙才会和一条小鱼斗起气来。

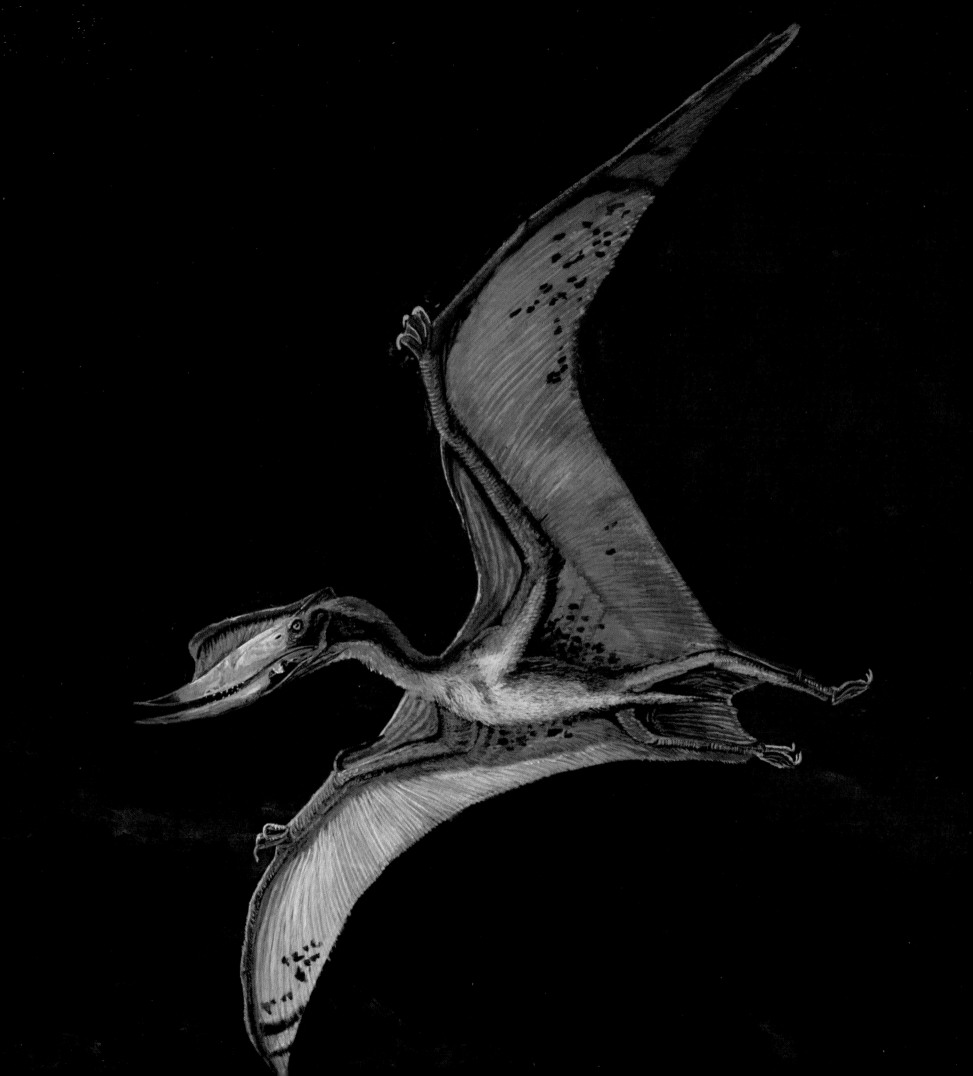

准噶尔翼龙

1.3 亿年前，今天的中国新疆

准噶尔翼龙是都迷科翼龙的亲戚，这两个相距万里的家伙，虽然性情不同，却长着相似的脸庞。

眼前是一片碧绿的湖水，身后是郁郁葱葱的森林，这附近再没有比这儿更美的地方了，可古角龙却没心思看风景，刚刚产下一窝蛋的它每时每刻都在愁眉苦脸地担心着蛋宝宝的安全。

它不停地用爪子摇动着周围的树，看看它们是不是会倒下来砸到蛋宝宝；隔一阵子就跑到湖边去看看湖水，担心它们会不会涌到岸上吞没蛋宝宝。当然它最担心的还是那些庞然大物——在森林出没的恐龙、翱翔天空的翼龙，它随时都做着战斗的准备，只要它们一靠近这里，它就摆出凶猛的随时可以投入战斗的样子。

这会儿，它刚刚从湖边巡视回来，正要稍微喘口气，忽然一只巨大的漂亮的准噶尔翼龙从远处飞来。这只准格尔翼龙是这里最大的翼龙，翼展能达到 5 米，凶猛无比，它像一片巨大的乌云瞬间遮蔽了古角龙头上的天空。古角龙惊恐地从地上跃起，眼看一场战斗就要开始了。

这可把准噶尔翼龙吓到了，它不过飞得低了些，怎么就惹怒了古角龙，难道生性凶猛的它就没有权利闻闻树木的芳香吗？

湖翼龙

1.3 亿年前，今天的中国新疆

　　一只湖翼龙优雅地在湖面上低飞，开始了新一天的猎捕。这一片湖水像是它的天堂，它能在深水区觅得美味的鱼；也能在浅水区，用长长的喙寻找贝类，它强壮的下颌总是能轻松地压碎坚硬的贝壳，享受到美味的肉。

　　可是这几天不知道怎么了，那些美味好像一下子都不见了。难道是准噶尔翼龙比它起得还早，把它的食物也全都咽到肚子里去了吗？

　　湖翼龙也属于准噶尔翼龙科，如果与准噶尔翼龙生活在同一个地方，它们会为食物而竞争。但它的体形明显比准噶尔翼龙小，所以常常会失利。但湖翼龙从不气馁，它把这些当作生活让它变得更加强大和勇敢的动力。

神州翼龙

1.3 亿年前，今天的中国辽宁

　　一只神州翼龙飞过浓墨一般的天空。夜晚的黑暗遮蔽了它的身体，只留下那个巨大的颜色鲜艳的脑袋，像是一个特别的飞行器，在天空中闪出异样的光。

　　神州翼龙来自朝阳翼龙科，是家族中体形最小的成员，翼展大约只有 1.4 米，可是却有一个和身体极不相称的大脑袋，头骨长达 25 厘米。它有一个超大的隆起的鼻眶前孔，在它的面部形成了一道纵向的嵴。它的上下颌非常尖利，嘴里没有牙齿。

　　虽然这个大脑袋并没有为它增加多少美感，但却是它飞行的利器，能够为它在飞行中把控方向。

矛颌龙

1.25 亿年前，今天的中国新疆

天色不那么明媚，就像矛颌龙此时的心情。其他的翼龙全都飞出去捕鱼了，只有它百无聊赖地在湖边散步。说实话，并不是每只翼龙都能悠然自得地散步，如果没有强壮的四肢，那大部分时间都只能在天上俯视宽广的大地了。

起初，矛颌龙为自己独特的本领得意扬扬了好一阵子，四处炫耀。可时间久了，它便再也感受不到大地和植被的温暖，只剩下了烦躁。

现在，它正抓着一只可怜的龟解闷儿。那龟在它长长的嘴喙下拼命地挣扎，强大的求生欲望深深地刺痛了矛颌龙。

这个世界上再没有比死亡更可怕的事情了，一只龟尚且能在死亡面前如此拼尽全力地活着，它又有什么理由这样烦躁地对待生活呢？它轻轻地松开了嘴喙，那只龟眨眼间便逃走，继续自己的生活去了，而它也决定从现在开始认真地生活。

矛颌龙是体形很大的准噶尔翼龙科成员，翼展约 4 米，有着长矛般锋利的嘴喙。

鸢翼龙

1.25 亿年前，今天的中国辽宁

　　一只鸢翼龙站在湖边，伸着长长的脖子，快速转动着脑袋，它狭长的喙以及向外龇出的锋利的牙齿也跟着来回转动。

　　在它看来，这里的危险简直无处不在——四处行走的恐龙，出没于水里的爬行动物，甚至那些行动敏捷的娇小的哺乳动物，都是恐怖的掠食者。

　　鸢翼龙来自梳颌翼龙科，并不是一种弱小的翼龙。虽然它的体形中等，翼展大约只有 2.5 米，但凶猛异常，会从天空俯冲而下，给猎物一个突然袭击。它又细又长的嘴巴长有长而尖锐的牙齿，即便闭上嘴，它们也会狰狞地相互交错，非常恐怖。

　　所以，鸢翼龙也许并不知道，当它警惕地望向大家的时候，大家也正惴惴不安地想要从它视线里逃走。不过，鸢翼龙的谨慎可能是与生俱来的，危机感就像空气一样时刻存在于它的生活里。这其实没什么不好，至少不会让它轻易遭遇危险。

格格翼龙

1.25 亿年前，今天的中国辽宁

　　没有饥饿困扰的午后时光总是很好，可以静静地享受暖暖的阳光，或者找个清凉地儿睡个午觉，或者就只是看看天上流动的白云也好。两只格格翼龙正是要度过这样一段悠闲的时光，它们站在水边琢磨着该做点什么。

　　水很清澈，能把水底的景象看得清清楚楚。一棵枯树折弯了腰，斜插在水里，像是要探到水中与水底的鱼儿游戏。看到这样的景象，一只格格翼龙忽然冒出了主意，何不也去和鱼儿逗逗趣？

　　这只格格翼龙飞到枯树旁，扭着脖子，张开长长的前端微微向上弯曲的嘴喙，向水中探去。它有着梳颌翼龙科成员典型的样貌，对于这副模样，鱼儿们早已经非常熟悉了。它们看到那恐怖的"武器"慢慢伸向身旁，吓得四散而逃，格格翼龙被胆小的鱼儿逗乐了，又饶有兴趣地伸向更深的水里去了。

　　另一只格格翼龙看上去一点也不喜欢这样幼稚的游戏，它张开双翼，在水面上滑翔，享受着属于自己的时光。

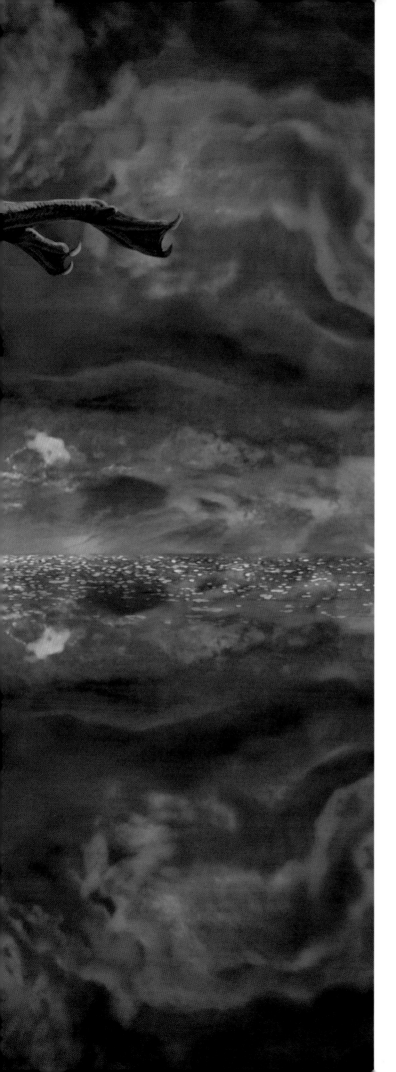

北票翼龙

1.25 亿年前，今天的中国辽宁

阳光把大海照得闪起了亮光，在天空翱翔的北票翼龙低头向下望去，不由得被这美景吸引了。

大海好美，大海也好大啊，大海的尽头究竟在哪里呀？

北票翼龙在海面上飞呀飞呀，可低头望去，身下的大海还是那片大海。北票翼龙想去大海的尽头看看，它生在这里，长在这里，到现在都没去过远方。远方是哪里，它不知道，可是它觉得大海的尽头够远了，那里一定是远方。

北票翼龙想着这几天就出发，它并不怕长途飞行。它的体形虽然不大，但是它和梳颌翼龙科家族的其他成员一样，有着宽大的翼展，强壮的后肢，这能为飞行提供足够的动力，带它飞向梦想中的远方。

滤齿翼龙

1.25 亿年前，今天的中国辽宁

两只滤齿翼龙在湖面上巡视着，等待征服自己喜欢的猎物。虽然翼展并不宽大，也没有漂亮的冠饰，但它们依旧自信满满。它们骄傲地昂着头，像钉子一样细长的嘴喙划破了空气。

滤齿翼龙的确厉害，就算是在以独特的嘴巴而出名的梳颌翼龙科家族里，它们凭借嘴喙捕鱼的功力也是响当当的存在。那细长锋利的牙齿在嘴巴闭合时仍然凶猛地向外龇出形成一张渔网，除了水流没有猎物能从里面溜出去。

可是，它们也只是能捕些鱼罢了，毕竟体形很小，翼展只有 1.5 米，根本没办法对付那些大型猎物。不过，自信与个头向来没多大关系，能否主宰自己的生活只在于内心是否足够强大。想来，滤齿翼龙的内心是强大的，否则它们也不会成为当地的优势物种。

飞龙

1.25 亿年前，今天的中国辽宁

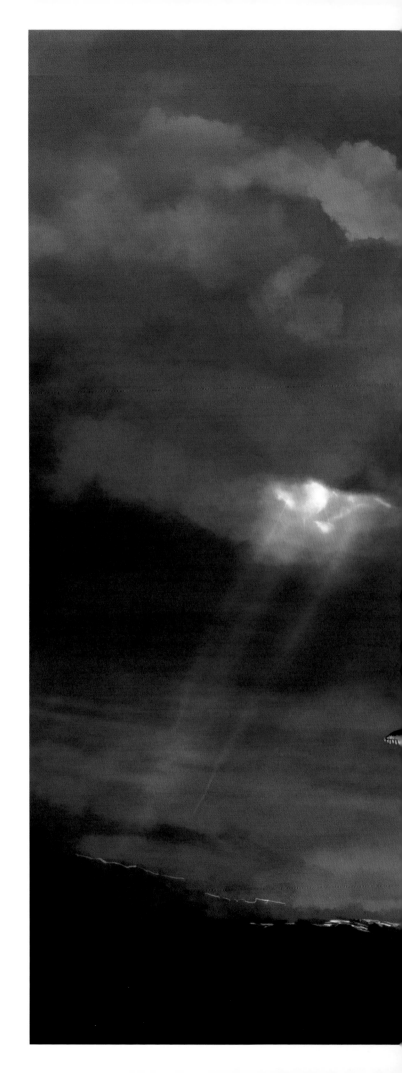

　　乌云来势汹汹，一下子就铺天盖地地涌来，把天染成了黑色，把山也染成了黑色。在浓稠的黑色中，有一个矫健的身影，它张着大嘴，挥舞双翼，看上去想要把乌云赶走。

　　可惜，你被它英勇的样子骗了。它不过是号叫着，想要快点躲开乌云。

　　就连这样的时刻都能英气逼人，除了飞龙，这里可没有哪只翼龙能做到这点了。虽然自身条件并不是特别优秀，比如它的体形不算大，翼展大约只有 2.4 米；再比如它的牙齿过于细长而弯曲，对付不了反抗能力极强的动物，但是它极其勇敢。就算知道和乌云的较量肯定会输，但是它永远都不会丢掉战斗的勇气。

　　飞龙属于北方翼龙科，目前这个类群的化石几乎都发现于中国辽宁。飞龙常常在水面上低飞，用针状的牙齿捕捉靠近水面的鱼类。

郝氏翼龙

1.25 亿年前，今天的中国辽宁

　　郝氏翼龙向来都很在意自己的模样，它体形虽然很小，翼展大约只有 1.35 米，头顶也没有漂亮的冠饰，但是只要它张开翼展在天空翱翔，就会全力舒展开自己的身体，表现出王者的气质。它总是飞得很优雅，就像现在这样，即便是要去做每天都会重复几十次甚至上百次的动作——俯冲，然后觅食，也要让自己看上去像是进行一场旅行一样。

　　郝氏翼龙虽然属于鸟掌龙科，但是牙齿的形态却与帆翼龙科的努尔哈赤翼龙、中国翼龙有些相近，在嘴巴前端长有锋利的圆锥形牙齿，非常适合捕鱼，研究人员推测它极有可能是帆翼龙科的祖先类型。郝氏翼龙脑袋尖长，视力很好，脖子强壮有力，前肢长而后肢较短。之前人们推测它在陆地上行动很笨拙，但是并没有直接证据。

莫干翼龙

1.25 亿年前，今天的中国辽宁

　　一只莫干翼龙从岸边的悬崖上起飞，准备到湖面上捕食一条小鱼。这看似普通的一幕，却惊扰了在它周围休息的动物们，它们来不及弄清楚究竟发生了什么，便纷纷起身逃窜。

　　这可怪不得它们，因为莫干翼龙实在是太大了，翼展有 7 米，单单脑袋就接近 1 米，谁不害怕这样的庞然大物呢！

　　莫干翼龙不仅体形大，样子还特别奇怪，有一张极其修长的嘴喙，就像两把利剑。而在它的嘴巴前端，还长有 60 多颗锋利无比的牙齿。这可不是用来吓唬人的，它奇特的嘴喙是捕食的利器。

　　莫干翼龙最喜欢吃鱼，一旦发现合适的鱼，它便俯冲到湖面，凭借"利剑"迅速划开水面，然后用长长的嘴喙将鱼准确无误地叼起来。

　　莫干翼龙来自北方翼龙科，是该家族体形最大的成员。

北方翼龙

1.25 亿年前，今天的中国辽宁

与飞龙、莫干翼龙、振元翼龙同时生活在一起的还有北方翼龙。

北方翼龙喜欢这神秘的黄昏，喜欢挣扎着想要把自己的枝干抛向水中的枯树，喜欢水面上蒸腾着的遮蔽了远处风景的雾气，喜欢天空略显忧伤的色彩，就像喜欢它短小的脖子、极短的尾巴，还有可怕的牙齿。

有些事物乍看起来是丑陋的，因此没有谁愿意多看它们一眼。可是很多时候，你之所以认为它们丑陋，正是因为你从没有静下心来好好欣赏它们。在北方翼龙眼中，枯树散发着生命的气息，雾气包裹着神秘的感觉，天空也不过是在使着调皮的小性子，而它的短脖子、短尾巴都是为了让它更好地飞翔，可怕的牙齿又是为了能更快地捕食。

在它的眼中，一切都是那么美丽。

树翼龙

1.25 亿年前，今天的中国辽宁

  风像巨浪一般卷了过来，树梢不再听树干的使唤，剧烈地晃动着。

  树翼龙是为数不多的生存在白垩纪的非翼手龙类物种，作为蛙嘴龙科家族的一员，它们总是能够非常灵活地在天空中飞行，尤其是在这样的天气里，它们飞行的优势就更明显了。于是很快，树翼龙们就到达了一个洞穴里。

  山洞里寂静如初，看不到一点暴风雨要来临的迹象。

  就在它们想要安心地享受洞穴中的时光时，忽然，一只天宇龙闯了进来。这家伙准是被外面的风暴吓坏了，发出阵阵尖叫。这叫声扰乱了树翼龙们的心情，不过它们并不慌张，只是飞起来想要看个究竟。很多时候，体形和面对危险的态度是毫无关系的。

始无齿翼龙

1.25 亿年前，今天的中国辽宁

在 1.25 亿年前，今天的中国辽宁，生活着种类繁多的翼龙，在它们中间有一种名叫始无齿翼龙的家伙，过着默默无闻的生活。

始无齿翼龙属于朝阳翼龙科，体形很小，翼展大约只有 1.1 米，它其貌不扬，一个普通的尖长的冠饰并没能给它带来多少特别之处。因为个头小，它对付不了大型猎物，每天它的菜单都是些不起眼的小鱼小虾。那整片森林里，它就像个隐身者，没有谁会注意到它的存在。

掠海翼龙

1.22 亿年前，今天的巴西

　　谁遇到这样的天气不害怕呢？暴风把大海刮得没处躲没处藏，一个接一个的大浪翻卷到天上，想要把天都吞进去。鱼儿拼命地往深处钻去，原本翱翔在海面上的动物们四下逃窜，等待着风平浪静。

　　可是这只掠海翼龙却迎着风浪去了。它灵敏地穿梭在浪花之间，兴奋地叫喊着，想要压过巨大的涛声。它微微张着嘴巴，等待着美味的鱼儿送上门来。不是每一条鱼都能躲开巨浪的怀抱，当它们被巨浪卷起时，掠海翼龙的机会便来了。

　　这绝对是一个勇敢者的游戏，被巨大的头冠指引着前行方向的掠海翼龙对自己信心满满。

　　掠海翼龙体形较大，翼展约 4.5 米，脑袋上有一个巨大的头冠，几乎占去了脑袋面积的 3/4。它能在海面上低飞，用锋利的嘴巴划开水面，捕食鱼虾。

妖精翼龙

1.22 亿年前，今天的巴西

    与掠海翼龙同属一个家族的妖精翼龙，在很多大事上也都是依靠巨大而漂亮的头冠来决定的，比如寻找配偶这件事。只有美丽的头冠从独立的两部分合二为一的时候，才意味着它们真的长大了。

    这一天，妖精翼龙盼望了很久，它并不害怕独自生活，也不害怕未来的道路荆棘丛生，它只是觉得应该再慎重一些，因为当它离开这里，展翅翱翔时，并不仅仅是一场旅行的开始，而是责任的开端。

    妖精翼龙体形很大，翼展约 5.5 米。它长有一个巨大的脑袋，头顶有一个颜色鲜艳的头冠，嘴中没有牙齿。

湖氓翼龙

1.21 亿年前，今天的巴西

　　湖氓翼龙已经习惯了这样的生活，不管是在天空飞翔还是在地面行走，遇到它的那些小家伙全都躲得远远的，眼中闪过惧怕的光芒。

　　湖氓翼龙真的很大，它展翅翱翔时翼展有 5 米长，它站立在地面上时，肩膀离地有 1 米高。它有着巨大的脑袋，强壮的四肢，活像一个会飞的巨兽。

　　它以为它们整个家族都是这样的，所以从来没对自己的体形感到过好奇。这也难怪，除了它，它的家族朝阳翼龙科的其他成员全都生活在亚洲，它根本没机会和它们见面，自然也不知道，和它相比，它的亲戚们像来自袖珍国。

剑头翼龙

1.21 亿年，今天的中国辽宁

海水有些太透亮了，阳光一下子就逮到了那条漂亮的小鱼。小鱼正要去抓点小虾，吃一顿美味的早餐。它本想安安静静地独自享受捕食前的时光，没想到遇到了调皮的阳光四处追着它，它有些闷闷不乐，于是加劲儿游了起来。小鱼只顾着和阳光斗气，没觉察到透亮的海水已经被巨大的翼展遮住了。它以为那是自己的功劳，甩掉了阳光，正在心里得意扬扬。

那翼展是高卢翼龙科家族的剑头翼龙的，它不仅双翼宽大漂亮，那嘴巴也着实引人注目，修长锋利，好像生来就是要穿透大海去追寻猎物的。

以为甩掉了阳光的小鱼现在正专心致志地寻找早餐，可是剑头翼龙要让它的愿望落空了。剑头翼龙只轻轻地弯下脖子，让嘴巴伸向大海，小鱼便被轻松地夹了起来。

振元翼龙

1.2 亿年前，今天的中国辽宁

    暂时结束了一场旅行的两只振元翼龙在一处小湖边休息，它们的两个翅膀像灌了铅一样沉重。这已经不是它们第一次出远门了，每隔一段时间，它们就会飞出去看看，那些陌生的地方像是有着某种神秘的力量，一直牵引着它们的心。

    对于新鲜事物的好奇心并不是只有它们才有，但也并不是每只翼龙都能来一场长途旅行，没有优秀的飞行本领是支撑不了这样的旅途的。好在来自北方翼龙科家族的振元翼龙翼膜宽大，能够长时间滑翔，这样它们便有能力在旅途中很好地保存体力。

    此刻，它们正趴在岩石上休息。忽然，湖面上跃起一条小鱼，一只振元翼龙忍不住飞了出去，向小鱼扑去。它的好奇心还真是重，就算这么疲惫，也还是想要尝尝这里的小鱼有什么不一样的味道。

华夏翼龙

1.2 亿年前，今天的中国辽宁

一只华夏翼龙不想再继续寂寞的生活，挥动着双翼去寻找心仪的另一半了。

它翱翔在天空，尽力舒展着自己漂亮的身体。它宽大有力的双翼，等待着随时变成温暖的怀抱。它毫不吝啬地展示着自己独一无二的头冠，虽然很小，但却因为长在吻端与鼻孔之间而格外引人注目。那头冠像是一个闸口，等到心仪的对象出现，它便将闸门打开，让心里的热情倾泻而出。

它自信满满地飞翔着，相信爱情的到来不过是或早或晚的事情。

华夏翼龙来自古神翼龙科，体形不大，翼展只有 1.5 米，前肢很长，后肢和尾巴都很短。

中国翼龙

1.2 亿年前，今天的中国辽宁

　　同样来自古神翼龙科的中国翼龙在森林上空寻找着合适的猎物。

　　它本来是捕鱼的高手，那锋利的嘴喙便是捕鱼的利器，可是中国翼龙偏偏不满足于只吃些鱼儿，它常常穿梭在林间，寻找虫子和植物的果实。捕食对中国翼龙来说不再是饱腹这样一件简单的事情，更多的是一个探寻的过程。它在寻找食物的过程中，完成了对这个世界的探索，那些从没见过的风景、从未尝过的味道、从没有经历过的艰难，还有从不曾体会到的乐趣，全都在简简单单的捕猎中。

　　中国翼龙体形娇小，最大的翼展也就 1.5 米，不过它的脑袋很宽大，有一道高高的嵴从鼻孔一直延伸到脑袋后面。

玩具翼龙

1.2 亿年前，今天的巴西

已经在湖水里收获满满的玩具翼龙停靠在树干上休息，这会儿太阳才刚刚升起，大多数翼龙正准备出去捕食，可玩具翼龙已经享用了不少美餐了。

它张开双翼慵懒地趴在树上，可眼睛却没休息，不停地向四周观望。这里植被繁茂，在它的不远处有一条清澈的溪流。居高临下的好处就是能轻松地发现躲在石块斜下方的那条小鱼，玩具翼龙张开大嘴，悄无声息地从树干上起飞，去解决那条毫不知情的鱼。

对于玩具翼龙来说，捕食从来都不是什么难题。很多翼龙都很羡慕它，以为它们鸟掌龙科的翼龙都有惊人的本领，可玩具翼龙知道，能轻易得来食物凭借的只是它更细致入微的观察。

玩具翼龙是一种大型的翼龙，翼展约 5 米，样貌非常独特，兼具翼手龙科和鸟掌龙科的特点，既在脑袋后方长有嵴冠，又在嘴巴里长有锋利的牙齿。

始神龙翼龙

1.2 亿年前，今天的中国辽宁

风停了，始神龙翼龙便降落在这片陌生的土地上。它从很远的地方飞来，翼展上还带着那里的味道。

它是个小得不起眼的家伙，翼展只有 1.6 米，从来都不是天生的探险家。探险家要有良好的体魄和无所畏惧的勇气。大家说，像它这样的小不点，永远都不会成为探险家，可是始神龙翼龙不相信。自己都从来没尝试过，又怎么会知道答案呢？

于是，始神龙翼龙开始了第一次探险之旅，那次的旅程虽然不算长，但是却让它坚信自己的判断——所有的事情都要尝试过以后才能知道结果。从那以后，它便爱上了飞向远方。

始神龙翼龙属于朝阳翼龙科，这是一群较神龙翼龙科更为原始的物种，化石大多发现于亚洲。始神龙翼龙身体虽小，但四肢强壮。

吉大翼龙

1.2 亿年前，今天的中国辽宁

一只吉大翼龙在天空展翅翱翔。

吉大翼龙来自朝阳翼龙科，是一种兼具进步和原始特征的翼龙。它的体形不大，翼展大约只有 1.6 米，但是脑袋不小，嘴巴尖长，头顶有一个很小的头冠，嘴中没有牙齿。它的脖子长而粗壮，身体瘦小，前肢和后肢长度相当。

悟空翼龙

1.2 亿年前，今天的中国辽宁

　　一条鱼跃上水面四下张望着，其实也就一眨眼的工夫，可就在这个空当，危险便来了。一只悟空翼龙从树上腾空而起，翼展呼啸而过，留下一道美丽的弧线。这是悟空翼龙的第一次猎捕，它调动起体内的每一个细胞，张开布满锋利牙齿的嘴巴，以闪电般的速度向鱼儿俯冲下去。

　　悟空翼龙来自悟空翼龙科，兼具了非翼手龙类和翼手龙类的特点，是非翼手龙类向翼手龙类的过渡属种。它体形很小，翼展大约 73 厘米，脑袋很大，脖子短粗，有一条细长的尾巴。

红山翼龙

1.2 亿年前，今天的中国辽宁

阳光正好，三只尾羽龙一边追赶阳光，一边低头寻找食物。阳光似乎总是先它们一步照到前方的大地上，明亮而温暖，它们不甘心，就一步紧似一步地跟上去，好像只有阳光抚摸过的地方，才会有美味的食物一样。它们并没有注意到，一只红山翼龙就在它们的头顶盘旋。

红山翼龙不慌不忙，只是跟在后面，从不把影子轻易地展现在尾羽龙面前。它的体形不算大，翼展也就 2 米长，要以这三只尾羽龙为食可不是一件只靠它自己就能完成的事。不过它并不打算就此放弃，它在等待，万一有一只落单呢，那样它不就有机会了吗？

作为帆翼龙科最原始的成员之一，红山翼龙有着与亲戚迥然不同的特点。它的牙齿不是分布在嘴巴的前 1/3 处，而是布满了整个嘴巴。这算不上进步的特征，相反是原始的表现，不过红山翼龙并不在意，就像捕食时它会耐心等待一样，它也有足够的耐心等待自己其他的优势慢慢发挥出来。

努尔哈赤翼龙

1.2 亿年前，今天的中国辽宁

准备，下降，瞄准降落地，控制好方向，注意速度……

一只努尔哈赤翼龙不停地在山谷中练习降落。它长度几乎占据身体 1/3 的大脑袋正尽力控制着方向，粗壮的脖子则用力支撑着沉重的脑袋。它的翼展不停地调整着挥动速度，而强健的后肢正一点一点地向它预设的那块岩石靠近。

很好，它成功了，落下的位置几乎和它想的分毫不差。

当所有的翼龙都在练习飞翔的时候，努尔哈赤翼龙却在练习降落。因为它知道飞起来最重要的目的是为了更轻松地捕食，更好地生存，可如果降落的技术不够，便一定捕不到猎物，飞行也就成了华而不实的本领。

伊卡兰翼龙

1.2 亿年前，今天的中国辽宁

　　湖水是那样清澈，让水中的鱼儿无处躲藏。一群伊卡兰翼龙低飞在湖面上，与那些楚楚可怜的鱼儿战斗。这场战斗几乎没有悬念，只见伊卡兰翼龙压低身子，从水面上划过，它们下颌上半圆形的骨脊轻松地破开水面，鱼儿便游到了嘴里。它们不急着起飞，而是在湖面上又连续捕食了几次，每一次都收获满满。等它们飞累了，便飞向高处，那些储存在喉囊里的鱼儿也被一股脑地吞到了肚子里。

　　属于无齿翼龙超科的它们和所有的翼龙都不一样，它们的嵴冠并非长在头顶，而是长在下颌。它们曾经以为自己的样貌丑陋，可许久之后才发现，那原来是生活送给它们的最珍贵的礼物。

辽宁翼龙

1.2 亿年前，今天的中国辽宁

　　一只辽宁翼龙经过了一段长途旅行后，正悠闲地站在一根树干上做短暂的休息。

　　辽宁翼龙擅长远距离飞行，因为它有着宽大的翼展。和古魔翼龙科的其他同伴相比，它的翼展非常突出，能达到 5 米。于是，辽宁翼龙可以不必像同伴那样，需要拼命地扇动翅膀才能翱翔天空，而完全可以选择飞翔与滑翔交替的方式，这可大大节省了它的力气。

　　这段旅行对于辽宁翼龙来说异常轻松，现在，它只需要落下来补充点能量，便能继续飞行。它有一张很长的嘴喙，嘴巴前端长有非常锋利的牙齿，捕食对它来说并不难。

古神翼龙

1.12 亿年前，今天的巴西

　　幽深的山谷发酵着浓浓的爱意，一只雄性古神翼龙终于下定决心对一只雌性翼龙展开追求。许久之前，它就注意到了那只雌性翼龙，晨曦微露时，它总是山谷中第一只展翅飞翔的翼龙。它的双翼被早晨最新鲜的阳光浸染着，仿佛也变成了阳光的颜色。

　　古神翼龙来自神龙翼龙科，体形不算很大，翼展大约只有3米。不管是雄性还是雌性，都长有不小的头冠，但两性之间在头冠形状上会略有不同。雄性古神翼龙会通过华丽的头冠吸引喜欢的异性。

雷神翼龙

1.12 亿年前，今天的巴西

　　雷神翼龙是这片海域最大的翼龙，它不仅体形大，翼展能达到 6 米，而且它的头冠也硕大无比，高度达到了 1.2 米，就像一面巨大的船帆立在头上，能在它飞行时帮它把控方向。它的脖子粗壮，双翼狭长，很适合在海上滑翔。它没有捕食的烦恼，也没有求偶的困惑，这些事情凭着它优秀的身体条件全都能轻松地解决。

科罗拉多斯翼龙

1.12 亿年前，今天的英国

暴风雨已经在这片海域停留很长一段时间了，明媚晴朗的天气似乎变得难得一见。于是，当一朵朵白云接连出现在天上时，科罗拉多斯翼龙便也从海岸边起飞，向蓝得透亮的天空飞了上去。

这些日子它真是太累了，警惕着风暴的来袭，时不时躲一躲脾气糟透了的暴雨，当然，它还得找机会去捕食，不然怎么有力气做那两件事。

科罗拉多斯翼龙用力舒展着自己的身体，呼吸着温暖而干燥的空气，它逐渐在这样的飞行中放松下来，紧绷的神经也暂时松弛了不少。

科罗拉多斯翼龙属于鸟掌龙科，体形较大，翼展能有 6 米，喜欢生活在海边。它的脑袋十分尖长，上颌和下颌的前端各长有一个半圆形的骨质嵴。它嘴中布满锋利的牙齿，适合捕鱼。

鸟掌龙

1.12 亿年前，今天的英国

　　无论是地面上的恐龙还是天空中的翼龙，它们都曾经历过体形越来越大的演化方向。庞大的体形带来了显而易见的好处，比如可以让它们从猎物变成掠食者，可以让它们更容易交配繁衍，这点在鸟掌龙科家族中就很常见。

　　阳光穿透云层洒向森林，世界被笼罩在一片金色中，两只巨大的鸟掌龙正向海的对岸飞去。就在前不久，它们刚刚收获了爱情，而现在它们要在对岸那片神奇的土地上孕育爱情的结晶。

　　鸟掌龙体形庞大，双翼伸展开，翼展面积能达到 20 平方米。巨大的身体赋予了它们健壮的体魄，以及优秀的飞行能力，使得它们成了爱情战役中的常胜将军。

　　它们骄傲地在森林上空飞过，身后是那些仍然需要努力的翼龙们羡慕的眼神。

有角蛇翼龙

1.1 亿年前，今天的美国

    与科罗拉多斯翼龙、鸟掌龙同属于鸟掌龙科的有角蛇翼龙并没有像它们一样生活在亿万年前今天的欧洲地区，而是生活在北美洲的美国。虽然相距遥远，但它们却有着与科罗拉多斯翼龙相似的特征，这说明那时候鸟掌龙家族不仅注重体形上的演化，还在拓展生存范围上做了重要的尝试。它们至少在早白垩世晚期，就已经开始在北美洲扩张了。

    一只有角蛇翼龙正在四处寻觅猎物。它的体形不小，翼展大约 5 米。和科罗拉多斯翼龙一样，它也长有一个尖长的脑袋，上下颌前端也有骨质冠峭。它的嘴中布满锋利的牙齿，适合捕食鱼类。

亚氏翼龙

1.1 亿年前，今天的巴西

鸟掌龙科家族的亚氏翼龙是个不太受欢迎的家伙。因为大家都在忙着捕食的时候，它却在看风景；大家都在睡觉的时候，它却计划着第二天怎么出门；大家都忙着为旱季准备食物的时候，它却出远门去旅行了。

大家总是不喜欢不合群的家伙，它们不关心那个家伙究竟在做什么，总之只要和它们做的不一样，它们就会不停地抱怨。

亚氏翼龙曾经试图向它们讲述自己在旅行中遇到了多么美丽的风景、多么有趣的故事，可是没有谁愿意听这些，它们只是喋喋不休地对它说应该好好生活，不应该把时间浪费在没有意义的事情上。

于是，亚氏翼龙放弃了解释。它还在不断地旅行，它宽大的翼展不就是为长途飞行而准备的吗？也许，它有时候会饿一两回肚子，也会感到疲惫，但是它的心灵却无比满足，这是那些翼龙们永远都无法体会的。

猎空翼龙

1.1 亿年前，今天的澳大利亚

天空全部都被包裹在神秘的深蓝色中，只有一抹红色的晚霞拨开蓝色的衣襟，钻出了脑袋。

猎空翼龙乘着海面上的上升气流慵懒地在天空滑翔着，它宽大的双翼似乎要和那红色的晚霞比试比试，看看究竟谁才能揭开天空神秘的面纱。

忽然，它看到海面上跃起一群鱼儿，它们嬉笑着，也在享受黑暗到来前最后的温暖时光。猎空翼龙犹豫着要不要俯冲下去抓条鱼，可转念一想，自己的肚子其实一点都不饿，何不让鱼儿们回去与家人团聚呢？

猎空翼龙掠过那群鱼儿的头顶飞走了，生活已经够艰辛了，在这个有些凉意的夜晚，大家都需要温暖。

猎空翼龙体形不小，翼展大约 4.7 米，长有尖长的脑袋，嘴中有锋利的牙齿。

哈密翼龙

1.1 亿年前，今天的中国新疆

对于哈密翼龙来说，醒来以后最幸福的事情莫过于看到它的蛋宝宝安然无恙地躺在那里，看到它的丈夫像湖水那般清澈的眼睛深情地凝望着它。这天早晨，它又像往常那样感受到了满满的幸福，它从没有想过这幸福就要在今天彻底地消失。

太阳缓缓升起来了，哈密翼龙群从远处赶来，铺天盖地地涌到天空、湖边。哈密翼龙正感到踏实温暖时，忽然被一声砸到湖中的惊雷吓跑了。雷声后紧接着就是一阵急雨。哈密翼龙用双翼保护着蛋宝宝等待大雨过去。

然而这场罕见的暴风雨引发了山洪和泥石流，如同冲出牢笼的野兽，瞬间席卷了这里。哈密翼龙还来不及反应便被埋在了沙石中，连同它还从未见过外面世界的孩子们。

南方翼龙

1.06 亿年前，今天的阿根廷

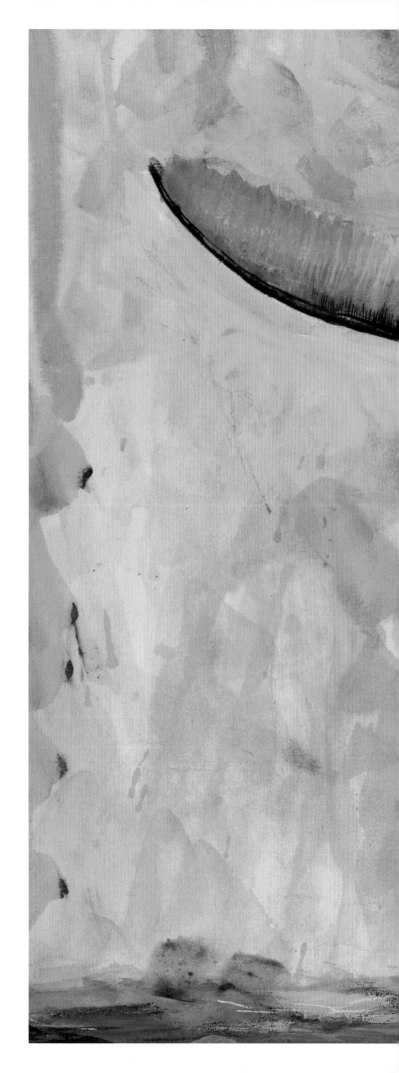

    在森林的深处有一个小湖，湖面不宽，湖水也不深。小湖很近，但是听说去小湖的路很难走，路上又危险重重，翼龙们都不喜欢这个湖。它们宁愿飞到更远的海边去捕鱼，也不愿意靠近这个小湖。唯独两只来自梳颌翼龙科家族的南方翼龙除外。

    那两只南方翼龙是小湖的常客，它们常常站在浅浅的小湖中，张着嘴巴，等待着小鱼小虾游进它们的嘴中。这时候它们只要闭上嘴巴，嘴里像刷子一样密集的牙齿就会变成高效的过滤器，把它们不需要的水滤掉，只剩下喜欢的食物。

    翼龙们并不知道有两只南方翼龙常常光顾那个小湖，它们更不知道所谓的危险不过都是些传说，至于那条难走的路，其实走得多了，便也顺畅起来。

鹰爪翼龙

9700 万年前，今天的美国

一只鹰爪翼龙从广阔的平原上飞过。

鹰爪翼龙来自鸟掌龙科，是生存年代最晚的家族成员之一。它的体形中等，翼展大约只有 3 米。大部分鸟掌龙科成员都拥有强壮的下颌，但是它的下颌却很脆弱。不过，它的牙齿超过了 100 颗，这些牙齿细密地排列在嘴中，是它捕食的利器。它的双翼宽阔，后肢和尾巴都很短。

神龙翼龙

9000 万年前，今天的乌兹别克斯坦

一只神龙翼龙翱翔在天际，为今天的午餐做准备。

神龙翼龙来自神龙翼龙科，体形很大，翼展能达到 6 米。曾经有一些研究人员猜测它虽然庞大，但身体过于瘦弱，应付不了极端的天气，其实这并没有确凿证据。相反，它前肢修长，翼展宽大，应该是卓越的飞行者。

神龙翼龙不仅飞行能力强，捕食猎物的能力也很强，它能猎食水里、地面上甚至天空中的动物，这一点并不是每只翼龙都能做到的。

夜翼龙

8800 万年前，今天的美国

夜晚的来临意味着更多的危险将从酣睡中醒来，夜翼龙龙群的首领下达了命令，率领龙群归巢，它们必须要在天黑之前赶回去。可是，有两个成员并不想回去，它们在海面上发现了新鲜的猎物，想要先把它们收入腹中。龙群的首领显然不同意这样的做法，它知道灾祸的酿成大都源自贪婪，可是那两只夜翼龙已经朝海面飞了过去。

夜翼龙属于夜翼龙科，它们一生的大部分时间都是在飞行中度过的。虽然它们有着像帆一样巨大的头冠，能够在飞行中为它们提供强大的空气动力，可如果它们的脖子不强壮，便不能控制头冠的角度，从而调整飞行的方向；如果双翼不强壮，也不能长时间在高空飞翔，就连它们的飞行都是团队合作的结果，更何况是捕猎这样的事情。可是那两只夜翼龙显然不知道这样的道理。

首领在高空看着它们，并没有急着跟下去。或许该让它们真正尝尝痛的滋味，只有那样才能对生活产生敬畏。

黎明女神翼龙

8600 万年前，今天的美国

黎明女神翼龙又独自飞到了海面上，它的身影太好辨认了，只要看看那硕大而漂亮的头冠，还有微微向上翘起的嘴喙，就知道它来了。

这片海温暖广阔，居住着许多动物，给黎明女神翼龙提供了丰富的食物。可是与此同时，海洋里还生活着凶猛的薄片龙、海王龙等海中巨怪，它们常常用贪婪的目光盯着前来捕食的它，似乎随时都会把它变成自己的猎物。

不过，这根本吓不倒黎明女神翼龙，它知道机会总是与危险并存，想要生存下去，就必须勇敢地面对危险。

黎明女神翼龙属于无齿翼龙科，这一家族大多生活在白垩纪今天的美洲地区，是一群非常进步的翼龙。

咸海神翼龙

8300 万年前，今天的哈萨克斯坦

天空是什么样的？这个问题要是让咸海神翼龙回答，它可说不好。

虽然它每天都会仔细地观察天空，可天空从来都不是一个模样，有时候恬静得像个羞涩的少女，有时候狂野得像位侠客，更多的时候像个自由的舞者，不停地变幻着舞姿，让大家捉摸不透。

咸海神翼龙觉得奇怪，明明就生活在天空里，可是自己却不知道天空真正的模样。于是，它决定落到地上，离天空远一点，好好地想一想。

这对于咸海神翼龙来说也没什么难的，虽然它的后肢不如前肢那样强壮，但支撑它在地面上的运动还是没问题的。

包科尼翼龙

8300 万年前，今天的匈牙利

　　傍晚的天气多么绚丽，云朵被染成了粉紫色。这两只包科尼翼龙为了争夺一只漂亮的雌性包科尼翼龙，打得不可开交。

　　最开始，它们两个都只是平静地向喜欢的异性炫耀着自己华丽的头冠，可是因为其中一只失去了耐心，迫不及待地想要决出胜负，便有了这场战斗。现在，它的翼膜被另一只包科尼翼龙锋利的下颌狠狠地击穿了。

　　包科尼翼龙是一种较大的翼龙，翼展能达到 3.5 ～ 4 米。它的脑袋很大，口鼻部较高，下颌像锋利的长矛，和其他神龙翼龙科动物不大相像。它的嘴里没有牙齿，通常情况下以鱼类为食。包科尼翼龙长有低矮而华丽的冠饰，是它展示自己、吸引异性的工具。

浙江翼龙

8200 万年前，今天的中国浙江

战胜饥饿对任何一种动物来说都是最为重要的任务，因此，那些血腥的战斗也大多发生在争抢猎物的时候。不过幸运的是，生活在同一个地方的浙江翼龙和浙江龙却能在捕食时和平相处。

水岸边到处都摇曳着新鲜的叶子，它们散发出阵阵清香，告诉那些路过的植食恐龙它们已经成熟了。

一只浙江龙便是循着这味道来的，它背负着沉重的铠甲，低着头边走边闻，让熟悉的味道指引它采集食物的道路。

两只浙江翼龙迎面朝它飞来，它们挥动着宽大的翼展，渐渐靠近水面。

浙江翼龙与咸海神翼龙一样，都属于神龙翼龙科。它们的体形很大，嘴巴尖利，一看就不是好惹的家伙。可是浙江龙并没有打算躲起来，说实话它和浙江翼龙算是不错的朋友。

虽然都在捕食，可是它们的食物显然不同，浙江翼龙更爱吃水里的鱼。因为不需要竞争，它们相处起来便轻松多了。

无齿翼龙

8000 万年前，今天的美国

　　偌大的海洋或许从来都没想过，有一天它的上空竟然会住着这样一群庞大的家伙。

　　这些家伙像是忽然出现在这里的，好像一瞬间，原本一眼望不到尽头的湛蓝的天空就被数量庞大的翼展遮蔽了。

　　那翼展连起来就像一片新的天空，是它见过的最大的翼，那翼展的主人身体壮硕、脖子粗壮、拥有五彩缤纷的头冠。它们常常成群结队地张着连一颗牙齿都没有的大嘴，寻找着心仪的猎物。

　　这群家伙叫作无齿翼龙，没有牙齿的无齿翼龙代表了最为先进的翼龙类，也是最大的翼龙之一。进入晚白垩世，翼龙家族天空霸主的地位已经牢不可破，无论是在数量、体形还是身体结构方面，都已经为掌控天空做好了最充分的准备。

蒙大拿神翼龙

7600 万年前，今天的美国

　　蒙大拿神翼龙所在的大家族——神龙翼龙科，几乎都是大个子。它们骄傲地翱翔在广阔的天空，像从未经历过失败的战士，可除了蒙大拿神翼龙。

　　蒙大拿神翼龙也长了一副家族标志性的样子——长脑袋、尖嘴巴、细脖子、瘦身子、短后肢，可是所有这些都是微缩版的，它翼展的长度只有那些大个子翼龙的脑袋那么长。

　　很多伙伴都可怜蒙大拿神翼龙，认为生活对它不公平。可是蒙大拿神翼龙自己却不在意，因为它总是能发现娇小给自己带来的好处，比如可以更灵活地在飞行中转向，还可以去捕食那些大个子看不上的猎物，其实它们很美味，只是那些大个子可能根本没机会去品尝。

阿氏翼龙

7200 万年前，今天的约旦

当划过天空的双翼越来越大，大到它们的翼展连起来要把整个天空都覆盖起来的时候，翼龙王国的辉煌时期真正到来了。

一只硕大的阿氏翼龙淡定地在地面上行走着，就像一位国王在巡视自己的领地。虽然陆地是恐龙称霸的地方，可是阿氏翼龙并不害怕。

它来自神龙翼龙科家族，那里聚集了这个世界上最大的翼龙。它的脑袋有 3 米长，脖子也有 3 米长，而双翼展开能达到 12 米。那宽阔而轻盈的双翼一旦打开，便像巨大的轻纱一般飘落于地上，任谁都不能忽视。

那些恐龙，哪怕有再锋利的趾爪，也从不敢打这尊偶然从天上降落到地面的庞然大物的主意，它们只能远远地观望着。

一阵风来了，阿氏翼龙优雅地飞上了天空。

哈特兹哥翼龙

6700 万年前，今天的罗马尼亚

那是一个所有家伙都害怕望向天空的世界，因为只要翱翔在天空的哈特兹哥翼龙瞄准了地面上的哪个目标，不管是植食性的马扎尔龙、凹齿龙、栅齿龙、爱伊卡角龙，还是肉食性的火盗龙、塔哈斯克龙，都将是它们厄运的开始，没有谁能逃得掉。

它们曾经庆幸自己生活的这片大陆被大海分割成了一个个小岛，虽然活动面积受到了约束，但是竞争者也相对分散，它们奢望着能在小岛上过平静的生活。可是，它们没想到，在天空翱翔的哈特兹哥翼龙可以飞越海洋来往于各个小岛之间，它庞大的体形、锋利的嘴喙比任何一只陆地上的恐龙都更加恐怖。

哈特兹哥翼龙同样来自神龙翼龙科，那里有着最大最凶猛的翼龙。它们牢牢地占领了天空后，却又感到不满足，转而将目标重新投向了地面。

小岛上的生活再也无法平静，哈特兹哥翼龙顺理成章地成为这里最厉害的霸主。它们在天空巡视着属于它们的世界，毫不在意大家的恐惧。

风神翼龙

6600 万年前，今天的美国

早晨的第一缕阳光还来不及洒入大海，便为它们的翼展镶上了金色的边框。

它们同样来自神龙翼龙科，是翼龙家族体形最大的成员之一，是整个家族真正的王者。它们不再满足于捕食些小鱼小虾，凭借庞大的身体、锋利的嘴喙，它们甚至能猎捕大地上最凶猛的霸王龙的幼崽。它们称霸整个天空，就连陆地上的动物也对它们心生畏惧。

它们的名字叫风神翼龙。

在寂静的晨曦中，一群风神翼龙独享着宽阔的海岸。它们时而飞翔，时而停歇，没有谁敢来打扰这天空的王者。就连大海，也只是敬仰地看着它们，它从未见过如此卓越的飞行家。

当它们硕大的身体出现在天空时，这本就是一个奇迹。它们原以为自此再没有对手，天空是它们永远都不会被打扰的家园，可是那黑暗中的力量还是不可抑制地崛起了。

今天

白垩纪末期的一场大灭绝让正处辉煌时期的翼龙灭绝了，和它们一起离开这个世界的还有绝大部分恐龙，以及水栖爬行动物。

翼龙离去后，天空悲伤却不孤独。

曾经陪伴着翼龙的一部分恐龙存活了下来。时间给予了这些幸存的恐龙最大的礼赞，它们经过一代又一代的演化，最终变成了鸟，直到今天还翱翔于天际。

或许有一天它们也会离开，但它们一定不会忘记把飞翔的梦想交与他者，让它延续下去。

翼龙时代大事记

寂静的三叠纪

2.2 亿年前，一群本应该享受大地恩赐的爬行动物，长出翼膜，飞向蓝天，丰富了原本由昆虫统治的天空。它们被称作翼龙，第一种会飞的脊椎动物。它们比恐龙更早地来到这个世界，关于它们的诞生原因至今成谜。

2.2 亿年前，最古老的翼龙之一蓓天翼龙翱翔于今天意大利的上空。作为最早的翼龙类群，非翼手龙类翼龙似乎没有经过任何过渡，在诞生之初便具有了优秀的飞行能力。

2.2 亿年前，长有嵴冠的奥地利翼龙特立独行于翼龙家族中，作为第一个具有嵴冠的翼龙，奥地利翼龙成为日后无数翼龙的效仿对象。

2.1 亿年前，真双型齿翼龙出现。虽然生存时代较早，但它们的身体已经具备许多先进特征，为翼龙家族走出最早的诞生地——欧洲，做好了充足的准备。

2.1 亿年前，卡尼亚指翼龙另辟蹊径，将猎食的对象由鱼转向昆虫。避免激烈的竞争，提高生存概率，它们努力与环境较量着。

梦幻的侏罗纪

2 亿年前，双型齿翼龙出现。为了拥有更加优秀的飞行能力，它在身体结构上做出了重大改变：强壮前肢，以撑起双翼；尾巴末端长出骨片，以控制方向；减轻体重，以利于飞行。

1.9 亿年前，拥有极好的夜视能力的曲颌翼龙，成功地为自己的家族曲颌翼龙科打开了一片天空，开启了非翼手龙类中古老的一支——曲颌翼龙科的时代。

1.89 亿年前，喙嘴龙科的矛颌翼龙凭借锋利的牙齿称霸今天德国的上空，它们与曲颌翼龙展开了激烈的竞争。

1.69 亿年前，体形娇小的喙头龙创造了不平凡的生活，它们将喙嘴龙科的优势——长有锋利的、向外龇出的、专为捕鱼而生的牙齿，发挥到了极致。

1.6 亿年前，奇特的悟空翼龙科出现，它们既具有原始的非翼手龙类的特征，又具有先进的翼手龙类的特征，被看作是两者之间的过渡物种，达尔文翼龙就是其中最为典型的代表之一。

1.6 亿年前，梦想飞上蓝天的动物中增加了恐龙的身影，它们的到来让天空中的竞争更加激烈。

1.6 亿年前，非翼手龙类中一个富有

个性的群体——蛙嘴翼龙科出现，它们用短尾甚至无尾代替了长长的尾巴。虽然这会对它们在飞行中控制方向产生一定的影响，但却增加了飞行的灵活度。

1.58 亿年前，有着优秀飞行能力的岛翼龙有意识地训练着自己的陆地行走能力，这对于它们扩大捕食空间大有裨益。

1.55 亿年前，喙嘴龙科大大拓展了自己的生存空间，它们不再局限于欧洲，而将双翼伸向了北美洲等地。

1.5 亿年前，翼龙家族在晚侏罗世的竞争变得越来越激烈。它们寻找各种途径让自己变得更加强大，数量、种类或者体形，它们并不介意需要通过何种方法达到最终目的。

1.5 亿年前，诺曼底翼龙诞生，它来自翼手龙类中的德国翼龙科。在侏罗纪晚期，先进的翼手龙类开始崭露头角，分享几乎被原始的非翼手龙类占领的天空。

1.45 亿年前，同样来自先进的翼手龙类的高卢翼龙科初露端倪，试图在激烈的竞争中争得一片属于自己的领空。

1.45 亿年前，凭借区别于其他所有翼龙的高效的捕食方式横空出世的梳颌翼龙科，预示着翼手龙类将会以更优秀的生存能力亮相翼龙世界。随着它们的出现，非翼手龙类的春天渐渐结束了。

辉煌的白垩纪

1.42 亿年前，进入白垩纪早期，原始的非翼手龙类渐渐退出了生命的舞台，先进的翼手龙类开始崭露头角。与原先非翼手龙类大多集中在欧洲的情况有很大的不同，翼手龙类的生存范围得到了极大的扩展，身影开始遍布亚洲、北美洲、南美洲等地。

1.4 亿年前，翼龙发展进入了井喷期，它们无论是在种类还是数量上都有了惊人的突破。

1.3 亿年前，繁盛于今天亚洲地区的惟噶尔翼龙科丰富了翼手龙类的构成。

1.3 亿年前，为了在激烈的竞争中脱颖而出，一部分翼龙开始向体形更大的方向发展。翼展能达到 5 米的准噶尔翼龙顺理成章地成为当地天空的霸主。

1.25 亿年前，诞生于今天欧洲地区的梳颌翼龙科并不满足于它们在当地获得的霸主地位，它们凭借宽大的翼展、强壮的后肢给自己带来的足够的飞行动力，开始向全世界拓展自己的生存空间。

1.25 亿年前，北方翼龙科活跃于今天中国辽宁地区的上空。虽然目前发现的北方翼龙科化石几乎全都集中在中国辽宁，但是相对狭小的生存范围并没有阻碍

它们的繁盛。

1.25 亿年前，能够灵活穿行于林间的树翼龙，成为为数不多的生存在白垩纪的非翼手龙类物种。作为蛙嘴龙科家族的一员，它们将家族的优势发挥到了极致。

1.25 亿年前，集中生活在今天亚洲地区的朝阳翼龙科，虽然生存范围不广，却在自己的生态位上创造出了不俗的成绩。

1.2 亿年前，起源于今天亚洲中国地区的古神翼龙科，一出现便显现出了优秀的天资，它们没用多长时间便将家族的足迹带到了遥远的南美洲。

1.2 亿年前，鸟掌龙科里诞生了许多体形巨大的成员，它们似乎预示着"巨翼"时代即将到来。

1.12 亿年前，翼展展开面积达到 20 平方米的鸟掌龙出现，它们庞大的体形和优秀的飞行和陆地行走能力使它们成为鸟掌龙科乃至当时翼龙世界当之无愧的霸主。

1.1 亿年前，注重在体形上做出巨大改变的鸟掌龙科开始了从欧洲向北美洲的扩张，有角蛇翼龙成为它们在北美洲最具代表性的物种。

8800 万年前，有着无可匹敌的庞大头冠的夜翼龙成群结队地翱翔于天空。它们大多都生活在今天的北美洲地区，因为头

冠给它们提供了强大的空气动力，它们一生中的大部分时间都是在飞行中度过的。

8000 万年前，进步的无齿翼龙科繁盛于今天的美洲地区。它们大多拥有特殊且狭长的冠饰，以无齿翼龙最为典型。

7600 万年前，拥有长脑袋、尖嘴巴、细脖子、瘦身子、短后肢的神龙翼龙科，代表了先进的翼龙类发展方向，它们繁盛于白垩纪晚期，聚集了世界上最大的翼龙类成员。

6700 万年前，来自神龙翼龙科的巨大的哈特兹哥翼龙不再满足于天空，而将掌控的领域重新转向地面。它们猎食曾经称霸地面的恐龙，在它们所掌控的范围内，无论是植食恐龙还是肉食恐龙，最终都无法逃脱被它们猎捕的厄运。

6600 万年前，翼龙的终极霸主风神翼龙称霸天空。它们将翼龙的生命史推向最顶峰，创造出飞行者至今都无法超越的辉煌。

6600 万年前，地球遭遇大灭绝。天空最卓越的飞行家翼龙，连同陪伴着它的、称霸陆地的大部分恐龙一同走向灭亡。我们无法忘记它们，它们深埋在大地中的骨骼，给我们留下了无数的谜题，让我们在仰望它们曾经创造出的奇迹的同时，不停地探索下去，找寻答案。

索引

翼龙类

A

Aetodactylus 鹰爪翼龙／149

Angustinaripterus 狭鼻翼龙／025

Aralazhdarcho 咸海神翼龙／156

Arambourgiania 阿氏翼龙／167

Arthurdactylus 亚氏翼龙／141

Austriadactylus 奥地利翼龙／006

Azhdarcho 神龙翼龙／151

B

Bakonydraco 包科尼翼龙／158

Batrachognathus 蛙颌翼龙／049

Beipiaopterus 北票翼龙／085

Boreopterus 北方翼龙／094

C

Cacibupteryx 天王翼龙／043

Campylognathoides 曲颌翼龙／018

Carniadactylus 卡尼亚指翼龙／011

Caviramus 空枝翼龙／013

Changchengopterus 长城翼龙／030

Coloborhynchus 科罗拉多斯翼龙／134

Ctenochasma 梳颌翼龙／064

Cycnorhamphus 鹅喙翼龙／062

D

Darwinopterus 达尔文翼龙／028

Dawndraco 黎明女神翼龙／154

Dendrorhynchoides 树翼龙／096

Dimorphodon 双型齿翼龙／017

Domeykodactylus 都迷科翼龙／070

Dorygnathus 矛颌翼龙／020

Dsungaripterus 准噶尔翼龙／072

E

Elanodactylus 鸢翼龙／080

Eoazhdarcho 始神龙翼龙／116

Eopteranodon 始无齿翼龙／099

Eudimorphodon 真双型齿翼龙／008

F

Fenghuangopterus 凤凰翼龙／035

Feilongus 飞龙／088

G

Gegepterus 格格翼龙／082

Gladocephaloideus 剑头翼龙／107

H

Harpactognathus 抓颌龙／052

Hamipterus 哈密翼龙／145

Haopterus 郝氏翼龙／091

Hatzegopteryx 哈特兹哥翼龙／169

Hongshanopterus 红山翼龙／122

Huaxiapterus 华夏翼龙／111

I

Ikrandraco 伊卡兰翼龙／126

J

Jeholopterus 热河翼龙／037

Jianchangnathus 建昌颌龙／038

Jianchangopterus 建昌翼龙／027

Jidapterus 吉大翼龙／119

K

Kunpengopterus 鲲鹏翼龙／047

L

Lacusovagus 湖氓翼龙／ 104

Liaoningopterus 辽宁翼龙／ 129

Lonchognathosaurus 矛颌龙／ 078

Ludodactylus 玩具翼龙／ 114

M

Moganopterus 莫干翼龙／ 093

Montanazhdarcho 蒙大拿神翼龙／ 164

Mythunga 猎空翼龙／ 143

N

Nesodactylus 岛翼龙／ 040

Noripterus 湖翼龙／ 075

Normannognathus 诺曼底翼龙／ 061

Nurhachius 努尔哈赤翼龙／ 124

Nyctosaurus 夜翼龙／ 152

O

Orientognathus 东方颌翼龙／ 058

Ornithocheirus 鸟掌龙／ 136

P

Peteinosaurus 蓓天翼龙／ 002

Plataleorhynchus 匙喙翼龙／ 068

Preondactylus 沛温翼龙／ 004

Pteranodon 无齿翼龙／ 162

Pterodaustro 南方翼龙／ 146

Pterofiltrus 滤齿翼龙／ 087

Pterorhynchus 翼嘴翼龙／ 045

Q

Quetzalcoatlus 风神翼龙／ 171

R

Rhamphorhynchus 喙嘴龙／ 056

Rhamphocephalus 喙头龙／ 023

S

Scaphognathus 船颌翼龙／ 050

Sericipterus 丝绸翼龙／ 032

Shenzhoupterus 神州翼龙／ 077

Sinopterus 中国翼龙／ 112

Sordes 魔鬼翼龙／ 055

T

Tapejara 古神翼龙／ 131

Thalassodromeus 掠海翼龙／ 101

Tupandactylus 雷神翼龙／ 132

Tupuxuara 妖精翼龙／ 102

U

Uktenadactylus 有角蛇翼龙／ 139

W

Wukongopterus 悟空翼龙／ 120

Z

Zhejiangopterus 浙江翼龙／ 161

Zhenyuanopterus 振元翼龙／ 109

作者信息

赵闯和杨杨

赵闯和杨杨是一个科学艺术家组合，其中赵闯先生是中国职业画恐龙第一人，以复原古生物为职业的国际知名科学艺术家；杨杨女士是一位科学童话作家。2009 年两人成立"PNSO 啄木鸟科学艺术小组"，开始职业化的科学艺术创作与研究事业。

目前，PNSO 已经独立或参与完成了多个重要的创作与研究项目，成果广泛被社会各界应用与传播。在专业合作方面，PNSO 接受全球多个重点实验室的邀请进行科学艺术创作，为人类正在进行的前沿科学探索提供专业支持，众多作品发表在《自然》《科学》《细胞》等全球著名的科学期刊上。在大众传播方面，大量作品被包括《纽约时报》《华盛顿邮报》《卫报》《朝日新闻》《人民日报》以及 BBC、CNN、福克斯新闻、CCTV 等在内的全球上千家媒体的科学报道刊发和转载，用于帮助公众了解最新的科学事实与进程。在公共教育方面，PNSO 与包括美国自然历史博物馆、中国科学院等在内的全球各地的公共科学组织合作推出了多个展览项目，与世界青年地球科学家联盟、地球科学问题基金会等国际组织联合完成了多个国际合作项目，帮助不同地区的青少年了解和感受科学艺术的魅力。

翼龙时代

责任印制 / 刘世乐　　产品经理 / 冯　晨

技术编辑 / 丁占旭　　　　　　杨子铎

书籍设计 / 游　游　　产品监制 / 曹俊然

图书在版编目（CIP）数据

翼龙时代 / 赵闯绘；杨杨文. -- 济南：山东画报
出版社, 2020.9
ISBN 978-7-5474-3475-8

Ⅰ. ①翼… Ⅱ. ①赵… ②杨… Ⅲ. ①翼龙目 – 普及
读物 Ⅳ. ①Q915.864-49

中国版本图书馆CIP数据核字（2020）第132588号

翼龙时代
YILONGSHIDAI

赵闯 绘　　杨杨 文

责任编辑　刘　丛
装帧设计　游　游

出 版 人　李文波
主管单位　山东出版传媒股份有限公司
出版发行　山东画报出版社
社　　　址　济南市英雄山路189号B座　邮编 250002
电　　　话　总编室（0531）82098472
　　　　　　市场部（0531）82098479　82098476（传真）
网　　　址　http://www.hbcbs.com.cn
电子信箱　hbcb@sdpress.com.cn
印　　　刷　天津图文方嘉印刷有限公司
规　　　格　280毫米×285毫米　1/12
　　　　　　16⅓印张　　150千字
版　　　次　2020年9月第1版
印　　　次　2020年9月第1次印刷
印　　　数　1—5.000
书　　　号　ISBN 978-7-5474-3475-8
定　　　价　188.00元

建议图书分类：少儿科普